푸드 스타일링

food styling

유한나 · 김진숙 · 김인화 · 김정은

식(食)은 이제 생리적인 영양 공급을 떠나 정신적인 영양 공급은 물론 오감을 이용하여 즐기는 도구로까지 인식되어지고 있다. 오감을 통한 즐거움 중에 음식이 단순히 미각만을 만족시키는 시대를 지나 하나의 예술로 인식되고 있으며, 음식을 먹기 전에 외향으로 시각적인 요소가 먹는 즐거움을 크게 하는 데 결정적인 역할을 한다.

이러한 시대적 흐름에 맞추어 식생활에서의 감성을 시각적 비주얼로 자극하여 식사의 즐거움을 주는 '푸드 스타일링' 이라는 새로운 분야의 일들이 생겨나게 되었다.

그러므로 학문적인 체계의 필요성이 대두되어 지고 있으며, 시각적인 비주얼을 연출하고, 음식과 관련된 다양한 부분을 심도 있게 연구해야 하는 푸드 스타일리스트들을 체계적으로 양성하는 일들이 중요하다.

이에 따라 저자들의 실무 부분의 경험과 푸드 스타일리스트에게 필요한 기초적인 이론을 구체적인 현장 작업의 스킬, 촬영 테크닉, 음식과 조형, 색채, 포트폴리오 등을 통하여 상세하게 풀어 내려고 노력하였다.

예비 푸드 스타일리스트, 대학에서 전공을 하는 대학생들이 현장에서 일하며 기초적인 이론과 현장에서 필요한 실무 실습과 학문 연구에 많은 도움이 되길 바라고, 이 책에 서술되어진 푸드 스타일링의 분야 외에 더 많은 분야들이 연구되어져 푸드 스타일링의

머 리 말

관련 분야가 학문적으로 정립되고 풍성해지길 바란다.

저자들이 강의와 현장 경험을 바탕으로 의욕적으로 집필하였고 촬영에 임했지만, 부족한 부분이 많을 것이라 생각한다. 부족한 부분은 앞으로 계속 수정, 보완해 나갈 것을 약속하며, 끊임없는 관심과 아낌없는 조언 부탁드린다.

동부산 대학 안진환 학장님, 푸드 스타일리스트 2기, 3기 학생들께 감사한 마음을 전하며, 경기대학교 외식조리학과 나정기, 진양호, 김명희, 김기영, 한경수 교수님, 장신구디자인학과 김병찬 교수님, 관광경영학과 윤대순 교수님, 경민대학 계수경 교수님, 유한대학 시각정보디자인학과 김금재, 엄익규, 박우형, 여훈구 교수님, 강남대학교 예체능학부 최호천 교수님, 조은정 식공간연구소 조은정 선생님, sfca 이종임 원장님, 세계음식문화연구원 양향자 원장님, 디자인 전체적인 감수를 해주신 안정민 님, 사진에 도움을 주신 오가와 쇼이치 님께 감사한다. 책 작업에 도움을 준 김승연, 노경미, 윤보림에게 감사를 전한다.

끝으로, 출간될 수 있도록 물심양면으로 도움을 주신 진욱상 사장님과 관계자 여러분께 감사의 마음을 전한다.

contents

part.1 푸드 스타일링의 개념

part.2 음식과 조형

part.3 음식과 색채

part.4 푸드 스타일링의 구도

part.5 푸드 스타일링을 위한 발상 전환

part.6 푸드 스타일링 촬영 기법

part.7 푸드 스타일리스트 촬영 실무

part.8 포트폴리오 작성법

부록

part. 1

푸드 스타일링의 개념

1. 푸드 스타일리스트의 개념
2. 푸드 스타일리스트의 영역
3. 푸드 스타일리스트의 자질
4. 현재 푸드 스타일리스트의 의미와 발전 방향

part. 1

1. 푸드 스타일리스트의 개념

푸드 스타일리스트(Food Stylist) 란 무엇일까?

프랑스의 식평론가 브리야 사바란*은 "짐승은 먹이를 먹고, 인간은 먹는다. 그러나 교양이 있는 사람만이 먹는 방법을 안다"고 말했다. 동물이 먹이를 먹는 것과 인간이 먹는 것, 어느 쪽도 생명을 유지하기 위한 본능적 행위임은 분명하지만 인간은 거기에 '맛있다' 라고 하는 정신적 만족(정신적 영양공급)도 지향하고 있다. 그래서 모두 충족되었을 경우 처음으로 살아있다는 것을 실감할 수 있다.

이와 같이 식(食)은 현대를 살아가는 인간에게 생명을 유지하는데 가장 기본이 되는 에너지를 제공받는 1차원적인 의미에서 벗어나서 그 이상의 의미를 먹는 행위에서 추구하고자 한다. 이러한 인간의 욕구를 반영하는 의미로 생겨난 다양한 신생 직업들이 존재하는데, 그 중 가장 큰 범주를 차지하고 있는 직업군을 우리는 묶어서 푸드 코디네이터라(Food Coordinator) 칭한다.

푸드 코디네이터(Food Coordinator)라는 단어를 살펴보면, 우선 코디네이트(Coordinate)라는 단어는 주문(Order)으로부터 파생된 말로써 순서나 순번이라는 Order에 co라는 접두어가 붙어 대등이나 동격의 의미가 있다. 즉 우선이 되는 순위를 기초로 하여 종축과 횡축으로 늘어져 있는 상황을 대등하게 배열하는 것에 ~하는 사람을 나타내는 접미사 or이 붙어 동등 / 대등하게 하는 사람 / 것, 조정하는 사람 / 것 (기획 ·

진행 따위의) 책임자, 코디네이터(또는 co-ordinator)라는 단어가 이루어지게 된다. 즉 '잘 정리되다, 조화되다, 균형이 잡히다' 라는 뜻의 코디네이트(Coordinate)에 or이 붙어 조화를 이루어 잘 정리하는 사람이라는 의미로 확장지어 정리할 수 있다.

푸드 코디네이터(Food Coordinator)는 넓은 의미의 직업군을 뜻하며, 하나하나의 작은 조각들을 정리하고 상황에 맞게 배열한다는 커다란 의미를 가지고 있는 직업 명칭이라고 볼 수 있다. 이 용어가 처음 등장한 것은 1970년대로 과거에는 '호텔(Hotel)이나 레스토랑(Restaurant)에서 메뉴(Menu)에 따른 재료를 조달하는 사람' 을 의미하였으나, 현대에 와서는 '인간과 인간, 인간과 사물, 인간과 일을 연결하며 관계를 조정하는 일을 하는 사람' 을 의미한다. 즉 음식에 관련된 전반적인 일을 담당하는 사람을 의미한다. 바로 TV나 영화, CF의 식품에 관련된 연출이나 요리 전문 잡지의 기획, 편집, 음식점의 메뉴(Menu) 개발, 요리 교실이나 각종 세미나(Seminar)의 기획, 운영이나 강사, 시장 조사, 다이어트 컨설팅(Diet Counsulting) 등의 음식에 관련된 비즈니스(Business) 전반의 일을 하고 있는 사람을 지칭한다.

푸드 코디네이터(Food Coordinator)는 요리 연구가(Menu Development), 테이블 코디네이터(Table Coordinator), 푸드 스타일리스트(Food Stylist), 레스토랑 프로듀서(Restaurant Producer), 라이프 코디네이터(Life Coordinator), 소믈리에(Sommelier), 플로리스트(Florist), 그린 코디네이터(Green Coordinator), 파티 플래너(Party Planner) 같은 다양한 명칭으로 식공간 창출과 푸드 비주얼 연출을 위해 활동하고 있다. 이러한 직업군에 속해져 있는 하나의 영역으로 푸드 스타일리스트(Food Stylist)가 존재한다.

스타일리스트(Stylist)라는 단어를 살펴보면, '멋을 중시하는 사람', '예술상의 양식주의자' 를 뜻한다. 스타일(Style)을 담당하는 사람이라는 뜻으로 현재 이와 같은 일을 행하는 것에는 몇 개의 직종이 있다. 예를 들어, 텍스타일(Textile) 회사나 어패럴(Apparel) 회사들은 스스로 디자인을 하지는 않지만, 오리지널 디자인(Original Design)을 회사의 방침에 따라 판매할 수 있는 물품으로 변형해 나가는 사람을 뜻하기도 하고, 잡지 등의 저널리즘(Journalism)에 있어서 그 달이나 그 주의 편집 테마(Tema)에 따라 그에 해당하는 어패럴(Apparel)을 코디네이트(Coordinate)하여 지면 제작을 하는데에 있어 협력과 도움을 주는 사람을 말하기도 한다. 광고 사진이나 예능 관계로 모델, 탤런트의 의상을 담당하는 사람이나 패션쇼 연출 스태프의 일원으로 모델이 입는 드레스를 관리하고, 필요에 따라 액세서리 등을 코디네이트(Coordinate)하는 사람을 말하기도 한다.

이러한 단어에 푸드(Food)가 붙음으로써 광고나 출판물의 사진 촬영용 요리를 마련하는 사람을 뜻하는 푸드 스타일리스트(Food Stylist)라는 개념을 확립할 수 있다.

본 장에서는 푸드 코디네이터(Food Coordinator)라는 개념과 푸드 스타일리스트(Food Stylist)라는 개념의 차이를 명확히 하고 푸드 스타일리스트(Food Stylist)의 영역과 역할에 대해 풀어보고자 한다.

옷이나 분장에서는 스타일리스트(Stylist)가 더 광범위한 일을 하지만 푸드 스타일리스트(Food Stylist)는 식기나 소품을 곁들여서 아름답게 레이 아웃(Lay-out)을 잡는 것이 푸드 스타일리스트(Food Stylist)가 수행하는 역할이고, 푸드 코디네이터(Food Coordinator)는 푸드 스타일리스트(Food Stylist)의 역할을 포함하여 플래닝(Planning), 연출, 메뉴 개발까지 광범위하게 다루고 있다.

이와 같이 푸드 스타일리스트(Food Stylist)는 새로운 음식을 만들거나 이미 만들어져 있는 음식에 재조합과 배열이라는 과정을 거쳐 보다 맛있어 보이고 먹고 싶은 감성이 들 수 있게 해주는 역할을 한다. 즉 요리에 새로운 화장을 해주어서 시각적인 자극을 통해 음식을 먹고 싶다는 욕구를 생기게 하는 2차원적인 일을 수행한다고 볼 수 있다. 따라서 요리와 주변의 소품을 비롯한 다양한 도구들을 통해 요구되어지는 특수한 상황에 맞게 요리를 재조합 할 수 있어야 한다. 이러한 능력의 배양을 위하여 다양한 방법의 훈련과 발상의 전환이 이루어져야 한다.

존재하고 있는 모든 현상을 단순화시키면 결국 두 가지 방식으로 나타난다. 이 두 가지 방식은 외적인 것과 내적인 것으로 규정지을 수 있는데, 이렇게 나타나는 방식 중 외적인 부분은 보여지는 현상을 그대로 나타내고 있는 것을 뜻한다면, 내적인 부분은 내포되어 있는 의미를 나타내는 역할을 하게 된다. 내적인 의미를 중요시하는 것이 바로 예술이라는 장르이다. 예술이라고 칭하는 분야 속에는 미술, 음악, 연극과 같은 다양한 분야들이 속하는데, 각 분야들은 내재적 의미의 중요성에 비중을 더 높이고 있는 분야들이다. 그 중 디자인과 건축과 같은 분야는 그 예술의 본질상 실용적인 목적과 밀접한 관계를 맺고 있으며, 어느 정도 이상의 수익성과 작품성의 중간에서 적당한 조율이 이루어지지 않으면 안되는 것이다. 이것은 푸드 스타일링(Food Styling)에서도 같은 현상으로 나타난다.

현대 사회는 소득의 증가에 따른 생활 수준의 향상과 다양한 미디어의 발달에 의한 정보 사회로 들어서고 있다. 소득의 향상으로 인하여 더욱 수준이 높은 미를 추구하는 경향이 늘어나고 있으며 정보 사회로 나아가게 됨으로써 과거에 비해 소비자들의 취향도 다양화되어지고 자신만의 스타일을 추구하게 되는 현상이 나타나고 있다.

창의적인 푸드 스타일링(Food Styling)을 하기 위해서는 일상생활에 존재하고 있는 다

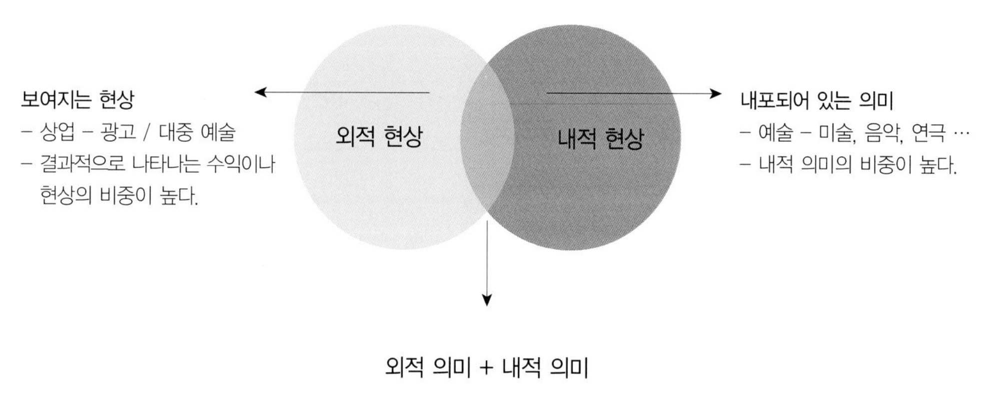

〈그림 1-1〉 푸드 스타일링의 현상적 위치

양한 소재들과 볼거리들을 식(食)과 어떠한 연계 과정을 통하여 연결시키는가와 각 나라의 식문화의 특징들을 완성되는 아웃 풋(Out put)으로 어떻게 옮겨오는 것인가가 하나의 화두로 자리잡았다. 직접적으로 나타나는 식(食)이라는 매개를 넘어서서 식공간을 연출하기 위해서는 비주얼로 다가서는 것이 필요하다.

〈표 1-1〉 푸드 코디네이터와 푸드 스타일리스트 역할과 의미

	Food Coordinator	Food Stylist
역 할	요리 연구가, 테이블 코디네이터, 푸드 스타일리스트, 레스토랑 프로듀서, 라이프 코디네이터, 소믈리에, 플로리스트, 그린 코디네이터, 파티 플래너	인쇄매체, 영상매체 스타일링 신문, 잡지, 광고 촬영
의 미	조화를 이루어 잘 정리하는 사람	재조합과 배열을 거쳐 촬영용 요리를 마련하는 사람

2. 푸드 스타일리스트의 영역

푸드 스타일리스트의 영역을 알기 위해서는 우선 그 상위 개념에 속하는 푸드 코디네이터의 영역에 어떠한 것이 존재하고 있는지를 파악하는 것이 필요하다.

* 푸드 스타일링(Food Styling)
- 신문, 잡지, 광고, TV, 영화 등 미디어 매체의 음식이 보여지는 비주얼의 연출
- 매체를 통하여 소개되어지는 요리를 스타일리쉬한 감각을 통해 요리를 제안하는 역할. 즉 시즐(sizzle)**감을 살리며, 요리를 가장 돋보이게 그릇에 담아내고, 테이블과 어울리는 상황을 제시하는 역할
- 소품과 요리를 준비하는 부분에서부터 스텝들과의 팀워크를 이끌어가는 부분까지도 푸드 스타일리스트의 역할

* 테이블 데코레이션(Table Decoration)
- 테이블 위의 모습을 아름답고 생기 있게 표현해 주는 역할
- 감각적이고 자신만의 독창성이 돋보이는 테이블을 연출
- 최근 외식업체에서의 컨셉에 맞는 테이블 연출을 제안
- 일반인들이 집에서 따라할 수 있는 계절감이 반영된 테이블 연출을 제안

* 푸드 디스플레이(Food Display)
- 점포 컨셉에 맞게 점포의 내부를 설계, 내·외장, 오픈까지를 제안하는 역할
- 메뉴의 진열 상태와 위치. 형태를 통해 매장내의 분위기와 소비자와의 관계 개선을 유도하는 역할
- 계절에 따른 디스플레이를 통해 점포의 매출을 유도

* 푸드 라이팅(Food Writting)
- 음식과 레스토랑에 관한, 즉 식(食)이라는 전반적 분야에 대한 평론과 기사, 칼럼 등을 집필하는 일. 단순히 음식뿐만 아니라 주변 환경, 서비스, 음식의 질, 분위기 등을 관찰하여 세밀하고 다양한 분석을 통하여 설득력 있는 문장을 만들어냄으로서 식문화의 트렌드를 다양한 분야의 글로써 선도해 나가는 역할
- 음식 & 레스토랑의 평론 영역, 음식과 레스토랑에 관한 기사 집필, 레시피를 소개하는 요리 기사나 외국의 식문화를 소개하는 역할

* 푸드 컨설팅(Food Consulting(Food Business))
- 상점을 오픈하기 위한 상품 내용과 메뉴 구성, 또는 기존의 메뉴에 대한 리뉴얼, 서비스의 개선, 주방의 상태 등에 대한 조언을 통하여 외식업에 관련된 상점을 오픈해 주는 역할

* 케이터링 & 파티 플래닝(Catering & Party Planning)
- 파티나 연회장에서의 예산, 목적에 맞추어 전체적인 행사의 내용을 프로듀싱하는 역할

- 이벤트, 행사에 대한 코디네이트를 담당
- 이벤트를 진행하는 개최장에서 제공하는 메뉴에서부터 개최 내용이나 서비스 방법, 인테리어, 스타일링 등에 이르기까지를 총체적으로 담당하여 코디네이트하는 역할

＊ 푸드 어드바이스(Food Advice)
- Hotel, 전문 요리점, Family Restaurant, 급식회사 등에게 요리의 기술, 서비스 등 매뉴얼을 제공하고, 지식의 어드바이스(Advice)를 제공하는 역할
- 레스토랑, 백화점 내 식품 판매 영역, 요식업에서의 토탈 어드바이저, 경영 노하우 전달자

＊ 메뉴 플래닝(Menu Planning)
- 요리점, 패밀리 레스토랑, 식품 시장에 대하여 컨셉에 맞는 요리를 제안하고, 소비자 기호의 변화나 시대의 흐름을 염두에 두며 플래닝을 해야 하고, 트렌드를 리드할 수 있는 능력이 요구
- 컨셉과 계절에 맞는 장식과 메뉴 개발, 행사 기간을 고려하여 새로운 메뉴 런칭에 전반적인 아이디어를 제공하며 문제점을 검토하는 일

＊ 외식 경영 컨설팅(Food Industrial Consulting)
- 입지를 분석해서 점포의 위치를 결정해 주며, 컨셉을 만들면서 점포 설계, 내외장, 오픈까지 제안하는 역할
- 상품 내용, 메뉴 구성의 재평가, 점포 내외의 장식, 키친, 서비스의 개선, 제안

＊ 요리책 잡지 등 출판물의 구성. 연출(Editorial Publishing)
- 어떤 책을 어떤 방법으로 어떤 사람에게 전할 것인가, 활자를 베이스로, 사진에서 책까지, 포장까지의 기획, 구성

＊ 주방기기의 개발 제안(Kitchen of Instrument Develop)
- 기구의 개발에서 디자인, 색, 형, 재질의 제안, 판매촉진까지를 조언, 코디네이트
- 식기, 조리기구, 식재의 개발, 판매 촉진
- 새로운 식재의 발견, 이용에서의 프로듀스, 식품화, 상품화, 판매를 촉진시키는 프로듀스

＊ 특별식의 코디네이트(Nutrition of Coordinate)
- 영양학을 베이스로 특별한 목적을 위한 코디네이트
  (예: 스포츠 선수, 다이어트, 환자, 예능인, 패션 모델 등)

＊＊ sizzle – 시즐은 고기를 구울 때 나는 소리인 지글지글의 서양식 표현으로 소비자들이 정육점에서 쇠고기를 살 때 실상은 프라이팬에서 구워지는 모습을 연상하고 있으므로 광고에서는 구울 때 나는 소리를 키 포인트로 해야 한다는 데서 개념화한 것이다. 예를 들면, 콜라나 사이다 광고의 병 따는 소리는 풍선을 터뜨릴 때 나는 소리로, 라면이나 조미료 광고의 뽀글뽀글 하는 소리는 신문지 조각을 가득 넣은 물대접에 빨대를 넣고 불 때 나는 소리로, 과자를 씹는 소리는 과자를 손으로 부술 때 나는 소리로, 기름에 튀기는 소리는 셀로판지를 비빌 때 나는 소리로 대신하는데, 이런 소리를 활용하는 것이 모두 시즐에 해당한다.

위에서 보여지듯이 푸드 코디네이터의 영역은 참으로 다양하다. 아마도 지금 우리가 생각하고 있는 직업의 수 보다도 더욱더 늘어나고 다양화 되어진 푸드 관련 직업이 생기게 될 것이다. 인간은 아직까지는 먹지 않고는 생명을 연장할 수 없다. 그로 인해 사람들은 물리적인 영양 공급을 위해 먹을 것이고, 따라서 더욱 맛있고 새로운 것, 더욱 아름다운 것을 찾을 것이다.

푸드 코디네이터는 위의 여러 가지 일을 통하여 소비자와 판매자 사이를 조율해 주며, 음식 비주얼을 통해 소비자를 유혹하는 일을 하게 된다. 즉 다양한 역할을 수행하는 직업의 하나를 푸드 코디네이터라고 보는 것보다는 푸드 코디네이터는 그러한 모든 직업들의 역할을 모두 포함하고 있는 총체적인 호칭이라고 봐야 한다.

3. 푸드 스타일리스트의 자질

최근 우리는 다양한 미디어를 통해 음식에 대한 수많은 정보를 접하고 있다. 식을 다루는 많은 프로그램들이 생기고 음식에 관한 광고도 많이 등장하고 있다. 이러한 현상은 음식에 대한 사람들의 관심과 시대의 흐름을 피부로 느낄 수 있게 해 준다.

현재의 음식은 소비자의 눈과 소비 욕구를 만족시켜줄 수 있는 비주얼을 필요로 하고 있다. 우리는 빠르게 변화하는 매스미디어와 컬러의 홍수 속에서 살고 있는 것이다. 이제는 시청각을 넘어서서 오감을 충족시킬 수 있는 그 무언가를 원하고 있고 그러한 것을 감각적으로 보여줄 수 있는 사람들이 요구되고 있다. 이렇게 음식을 다루는 직업군 중 시각적인 음식을 다루는 직업의 영역을 푸드 스타일리스트라고 칭한다.

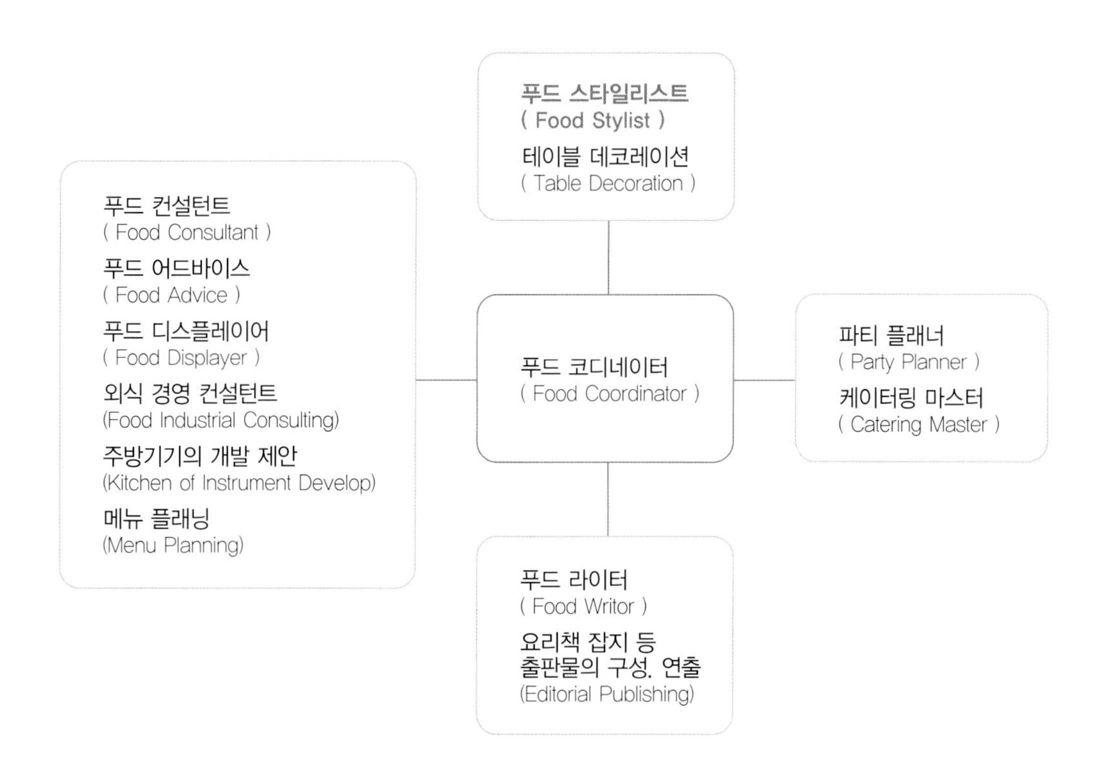

〈그림 1-2〉 푸드 스타일리스트 위치

1) 푸드 스타일리스트의 자세

(1) 인적 네트워크와 원만한 대인 관계

푸드 스타일리스트가 갖추어야 할 요건 중 중요한 것이 인적 네트워크이다. 최신 정보의 뉴스에는 기업의 홍보, 음식점의 경영자, 요리사 외에 점포 디자이너나 그래픽 디자이너, 푸드 코디네이터, 푸드 스타일리스트 등 화제의 점포 뒤에서 활약하는 크리에이터들이 있다. 식재료 도매상이나 음료 메이커의 경영 담당자도 현장의 정보를 상세히 알고 있다.

그러한 작업을 진행하고 있는 중심이 되는 인물과의 정기적인 연락을 취함으로 정보를 수신할 수 있도록 한다. 사람들이 모이는 곳에는 적극적으로 참가해, 자기 스스로도 정보를 발신한다는 자세로 임한다. 이러한 과정을 통하여 나의 주변 사람 뿐만이 아닌 다른 이들도 나의 사람으로 만들 수 있어야 한다.

또한 푸드 스타일리스트는 여러 명이 한 팀을 이루어 진행하는 직업이므로 작업을 수행할 때 의견의 조정과 아이디어의 주장이 조화를 이루어야 한다. 서로에 대한 배려가 없다면 업무 완성도가 떨어지므로, 푸드 스타일리스트 자신이 원만한 대인 관계 유지를 위해 노력해야 한다.

(2) 정보수집과 사회적 트렌드 이해

푸드 스타일리스트는 시대의 식문화를 전진시키는 존재이고, 소비자보다 한 발 앞선 곳에서 기술과 센스를 발휘하는 것이 요구된다. 그러기 위해서는 항상 정보 수집을 하는 태도와 사회적 트렌드를 이해하는 것이 필요하다.

주 5일 근무제, 핵가족화, 소득 수준의 증가, 여성의 사회 참여에 따른 맞벌이 부부의 증가로 외식 수요가 꾸준히 증가하면서 외식 문화도 발전하고 있다. 메뉴판의 차별화 작업, 패밀리 레스토랑의 증가, 테이크 아웃 커피 매장의 증가 등은 최근에 나타난 새로운 음식 산업의 트렌드이다. 이외에도 건강지향적 추세에 따라 웰빙(well-being)과 유기농 식품의 출현, 스파 유행, 개인 파티 문화의 확산 등도 새로이 나타난 트렌드이다. 이러한 트렌드를 잘 이해하고 간파하고 있어야 하며, 이러한 트렌드의 정보 수집도 필수이다.

(3) 지식 습득

푸드 스타일리스트는 다양한 식재료들의 특징과 물리·화학적 변화에 대한 과학적 지식, 식품 영양학적인 지식을 갖추어야 하며, 사람에게 공급되는 영양의 역할, 식품의 조리 과정에서의 식품 성분에 어떤 영향을 미치는지를 과학적으로 설명할 수 있어야 한다. 푸드 스타일링은 음식을 고려하지 않는다면, 식품으로서의 가치는 상실될 수 밖에 없다.

또한 요리의 지식은 물론, 주방기기, 식재료, 알코올, 그릇 등의 지식도 폭넓게 가져야 한다. 생산자나 관리자를 알고 있으면 요리사와 이야기가 가능하다. 알코올이나 그릇 등은 식공간 만들기에 도움이 된다. 이 분야에서 만큼은 지지 않는다는 전문 분야를 가지고, 전문 지식을 단련하는 것을 습관화하는 것이 중요하다. 요리의 장르에 제한 받지 말고, 다양한 분야에 관심을 갖는 것이 좋다.

(4) 기술

푸드 스타일리스트의 기본적 자질로서 가장 먼저 들어야 하는 것이, 조리의 기술이다. 푸드 스타일리스트에게 의뢰되는 것은 한식· 일식 · 양식 · 중국식 요리라는 장르를 뛰어넘어, 여러 가지 요소에서 조합시켜 완성해 주기를 요구한다. 기본적인 조리의 기술을 몸에 익히는 것은 당연하지만, 그것을 얼마나 응용해가는 가에 성공의 열쇠가 있다.

몸에 익힌 기술을 응용해가는 데 필요한 것이, 식과 요리전반에 걸친 풍부한 기본적 지식이다. 지식을 근간으로, 높은 기술을 사용하여 전통요리를 현대풍으로 만들어서, 기본요리를 오리지널 메뉴로 변화시키는 것이 요구된다.

또한 시각적인 차원에서의 새로운 스타일링을 하기 위해서는 디자인적 요소인 조형감각을 지니고 있어야 할 필요성이 있다.

(5) 센스

새로운 메뉴를 개발하고 실제로 조리를 하는데 있어서, 또한 식공간을 연출하는데 있어서도 센스가 필요하다.

완성한 화면을 보는 소비자에게는 많이 본 것이나 이미 알고 있는 것에는 아무런 의미가 없다. 소비자의 레벨을 초월한, 신선하고 놀라움을 줄 수 있는 센스를 화면 내에서 표현이 가능한 센스가 필요한 것이다.

대중의 요구는 유행하는 것, 잘 팔리는 것, 사람들이 몸에 걸친 색깔, 인기 있는 주거 스타일 등 여러 가지 사항에서 판단해 나가야 한다. 어느 현상에서 어떠한 요구를 발견해서, 자신의 일 속에서 살릴 수 있는가, 그 재능이야말로 센스이고 지혜라고도 말할 수 있다.

(6) 독창성과 전문성

푸드 스타일리스트로의 전문성이란 자신만의 독특한 영역을 가지고 있어야 한다는 것이다. 조리, 영양학, 플라워, 테이블 세팅, 인테리어, 포장 등 다양한 분야에서 전문가가 되어야 한다. 전문가가 되기 위해서 전문적 지식 습득에 대한 노력이 필요하다.

전문적인 영역에 대해 지식 습득으로 끝나기 보다는 전문 분야의 독창성을 갖기 위해서 다양한 예술 분야에 대한 접목도 필요할 것이다.

(7) 기획 편집

인쇄술의 발달과 더불어 그래픽이 사용되고 컬러가 도입되면서 광고가 활발해졌다. 기사의 기획 · 편집 · 제작 자체는 제작측이 담당하지만, 푸드 스타일리스트는 그 기사 안의 요리, 스타일링의 수, 균형에 관해서 풍부한 창의력을 발휘해야 한다. 인쇄되어지는 결과물에 대해 기획할 수 있는 능력이 필요하다. 스타일링 하는 배경의 색은 사진별로 바꾸는가, 같게 하는가, 형태가 다른 그릇을 각각의 사진에 따라서 어떻게 나누어 사용하는가 등을 생각하는 것이다. 기획 편집의 기본이며, 기사 전체의 완성상을 이미지화 하는 것이다. 완성품의 완성도를 높이기 위해서는 출발시점의 기획에 푸드 스타일리스트 자신이 결과물을 예측해서 스타일링을 하는 것이 필수다.

(8) 호기심

정보 수집과 기획 편집의 기본은 호기심이다. 요리 방법도, 스타일링도, 같은 것은 다시 발표할 수 없다. 같은 것으로 보여도 계절에 따라서 재료가 변하고, 조리 방법, 조미료

〈표 1-2〉 푸드 스타일리스트의 자세

항목	내용
인적 네트워크 / 원만한 대인 관계	스스로 정보를 발/수신. 작업시 의견 충돌을 줄이고 좋은 아이디어를 도출.
정보수집 / 트렌드 이해	소비자보다 한 발 앞선 곳에서 기술과 센스를 발휘.
지식 습득	전문 지식 단련을 습관화.
기 술	몸에 익힌 기술을 응용. 지식을 바탕으로, 기술을 사용하여 시각적인 차원에서의 스타일링.
센 스	대중의 요구를 판단.
독창성과 전문성	자신만의 독특한 영역. 전문적 지식 습득.
기획편집	결과물에 대해 기획할 수 있는 능력.
호기심	정보 수집도 기획 편집의 원천.

도 다르다. 매년 유행하는 색이 바뀌고, 계절별로 사용하는 그릇의 소재, 배경의 패브릭의 소재 등도 바꾸어야 한다. 푸드 스타일리스트의 일은 항상 '트렌드 리더'라는 것을 잊어서는 안 된다. 트렌드 리더답게 여러 매체와 영역에 다양한 호기심으로 다가가야 한다.

4. 현재 푸드 스타일리스트의 의미와 발전 방향

푸드 스타일리스트의 영역은 메뉴판의 사진에서부터 메뉴, 인테리어, 메뉴판의 디자인까지 광범위하게 펼쳐져 있다. 따라서 푸드 스타일리스트를 지망하는 이들은 이러한 여러 분야의 다양한 사람들일 수밖에 없는 현실이다. 아직까지 푸드 스타일리스트라는 전문 영역이 구축된 것이 아니기 때문이다. 전문적으로 마케팅이나 기획에 관한 훈련이 없었으며 또한 그 부분에 대한 인지가 부족한 결과 푸드 스타일리스트들은 아직 기획이나 마케팅이라는 영역에 대한 필요성이나 관심이 적은 상태이다. 따라서 푸드 스타일리스트는 기획자로서의 역할도 하지 않을 뿐더러 그 역할을 수행하고자 하지도 않는다.

반면, 디자인과 같은 경우는 기획은 선택의 영역이 아니라 당연히 수반되어야 하는 필수 영역에 속해져 있다고 할 수 있다. 푸드 스타일리스트의 경우에도 같은 개념을 적용할 수가 있다. 레스토랑 오픈 관련 컨설팅을 진행하거나 신메뉴를 개발하는 일을 동시에 진행하는 과정에서 사전에 진행되어져야 하는 부분이 바로 기획이라고 할 수 있다.

푸드 스타일리스트의 직업 영역은 다양하고, 신생 직업군이라 할 수 있다. 프리랜서로 활동하는 전문가가 많기 때문에 소득의 수준도 천차만별임으로 자기 자신을 개발함에 따라 자신의 가치가 결정된다. 교육 기관에서의 정규 교육이 끝났다고 해서 바로 푸드 스타일리스트가 되는 것은 아니다. 자신의 이름 앞에 '푸드 스타일리스트'라는 직업을 갖기 위해서는 많은 노력이 필요하다. 일정 기간의 어시스턴트(assistant) 과정을 거쳐서 잡지사나 광고회사, 방송국 등을 스스로 찾아다니면서 자신의 포트폴리오를 보여주고 홍보해야 하는 노력이 시작이다.

* 브리야 사바란(Jean-Anthelme Brillat-Savarin, 1755~1826)
18세기 말 프랑스의 사법관, 문인, 민사재판소 소장, 대법원 판사를 역임했고, 미식가(美食家)였던 그는 판사로 재직시 「미각의 생리학(1825)」을 저술했다.

part. 2

음식과 조형

1. 디자인의 구성 요소

2. 디자인의 구성 원리

3. 접시 형태와 요리 담음새

part. 2

1. 디자인의 구성 요소

가장 먼저 눈에 띄게 되는 것은 형태와 색상이지만 이러한 형과 색을 이루고 있는 가장 기본적인 요소는 시각적 조형 요소로 한정될 수 있다. 이러한 모든 조형 요소들의 조합으로 마지막에 스타일링의 완결이 나는 형태가 완성된다. 하나의 형태가 완성되면 이는 최상의 결과물을 위한 푸드 스타일링으로 적용된다.

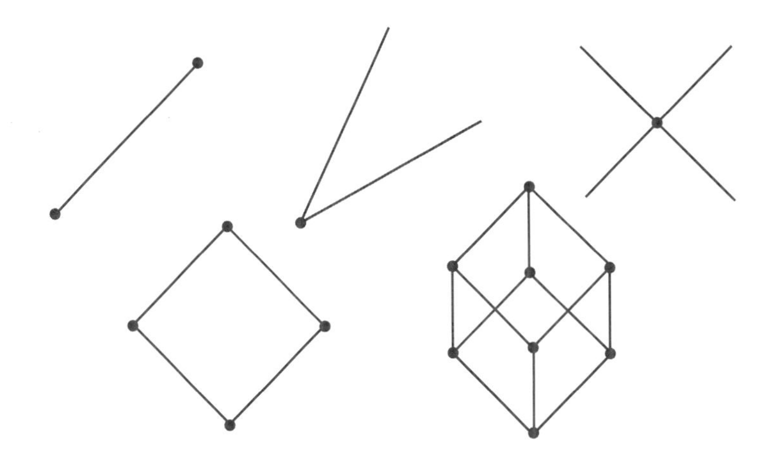

〈그림 2-1〉 점

1) 점

점은 형태가 생성되는 과정에서 가장 단순한 요소로 조형의 출발점이다.

점의 크기는 절대적으로 정해지는 것이 아니라 상대적으로 정해진다. 또한 점은 크기가 있으므로 당연히 형태를 가진다.

둥근 점은 위치와 크기만을 갖는데 비해, 그 밖의 형태의 점은 위치와 크기 외에 방향성을 갖는다. 크기에 관해서는 작을수록 점으로서의 느낌이 강해진다. 크기가 크면 클수록 면의 형태로서 인식이 강해지며 그만큼 점으로서의 감각이 약해진다. 너무 작은 점은 보기 어려운 것과 존재감이 약하게 보이는 것 등을 들 수 있다.

마찬가지로 윤곽이 희미한 점과 속이 비어 있는 점은 약하게 보인다. 그러나 크기는 작지만 내부가 꽉찬 점은 점으로서 샤프하게 보인다.

점을 교묘하게 잘 구성하느냐에 따라 곡면이나 음영이나 기타 복잡한 입체감을 나타낼 수도 있다.

〈표 2-1〉 점의 특성

점의 특성
점이 연속되면 선(線)의 느낌을 준다.
두 점 사이에는 서로 끄는 힘이 생긴다.
한쪽 점이 큰 경우엔 작은 점으로 긴장이 옮겨진다. (시각 유도)
점 셋이 수평선상에서 이탈되면 삼각형으로 느껴진다.
일직선상에 점이 집단별로 모이면 평면감을 준다.
점이 같은 조건으로 집결되면 평면감을 준다.
점에다 역간의 선을 가하면 방향성 내지 상징성이 생긴다.
크고 작은 점이 집결될 때에는 구조성과 종속성이 생기며 동세(動勢)가 생긴다.
점의 연속이 점진적으로 축소 내지 팽창되어 나열해 있으며 원근감이 생긴다.
점은 일반적으로 경쾌하나 흑백, 대소, 배경에 따라 경중이 달라진다.

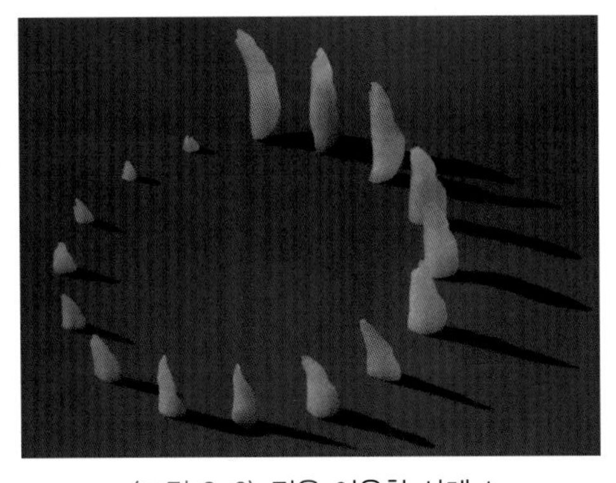

〈그림 2-2〉 점을 이용한 사례 1

〈그림 2-3〉 점을 이용한 사례 2

2) 선(line)

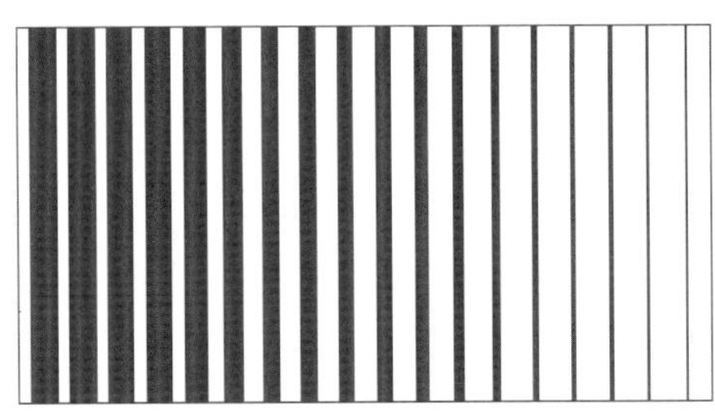

〈그림 2-4〉 선

선은 하나의 움직이는 점이다. 선은 길이와 위치, 방향은 있으나 넓이와 두께가 없다. 점이 이동한 궤적의 의미이나 폭이 좁지 않으면 선이 아니라 면이 되므로 선의 폭은 점의 크기와 같이 면과의 관계에서 결정된다. 선 단독으로는 그 폭을 결정할 수 없으므로 상대적인 것이며 주변의 다른 형태 또는 주변의 다른 선과의 관계에서 상대적으로 정해진다. 선의 형태는 직선적인 것, 곡선적인 것, 또는 직선적인 것과 곡선적인 것의 혼합적인 것으로 분류해 볼 수 있다.

굵은 선은 힘이 강하고 가는 선은 샤프하여 섬세하고 신경질적이다. 또 가는 선은 스피드감을 느끼게 한다. 선의 굵기나 길이가 일정하면 밝은 색의 선은 짙은색의 선보다 눈앞에 있는 것같아 보인다.

굵기도 길이도 명암도 다같이 조건이 동등한 선을 배치했을 때는 간격이 좁은 선의 집합쪽이 간격이 넓은 선의 집합보다 더 멀리 보인다. 이 관계를 이용해서 체계적으로 구성하면 강한 원근감이나 입체감을 표현할 수가 있다.

〈표 2-2〉 직선과 곡선의 종류와 느낌

직선/곡선	선의 종류	느 낌
직 선	굵은선 가는선 지그재그선 수직선 수평선 사 선	힘차다, 둔하다 신경질, 예민, 날카롭다, 스피드감 불안정, 초조하다 남성, 장엄, 긴장, 견고 안정, 서정 운동, 변화, 반항, 공간감
곡 선	기하곡선 C커브곡선 S커브곡선 비정선(非定線) 선(線)	우아, 유연, 불명료, 자유, 간접적, 여성적, 섬세 확실, 명료, 세련 화려, 부드러움 우아, 매력 자유분방, 본능 복잡, 수축됨과 팽창

〈표 2-3〉 선의 종류와 느낌

선의 종류	느 낌
기본선	직선, 곡선, 절선(折線), 수직선, 상승, 형식, 도전, 중력, 접근 어려움
수직선	상승, 형식, 도전, 중력, 접근 어려움, 신체의 운동 요구 (예 : 높은 산, 고층 빌딩)
수평선	평온, 안정감, 조용, 접근용이
사 선	긴장감, 동적, 율동적
절 선	점에 대하여 두 개의 힘이 번갈아 작용할 때 생김 45도 : 냉정, 자극, 전진, 긴장 90도 : 노련, 첨예, 고도의 능동감 135도 : 우유부단, 수동, 귀찮음, 난처, 완만
지그재그	전기적, 극적인 효과, 불안정, 격동, 신경질, 초조감
곡 선	원숙, 탄생, 자유, 유순, 고상, 우아, 불명확, 섬세, 점잖음, 간접적, 여성적. 자유곡선의 최고의 걸작은 인체의 선

〈그림 2-5〉 선을 이용한 사례 1

〈그림 2-6〉 선을 이용한 사례 2

3) 면

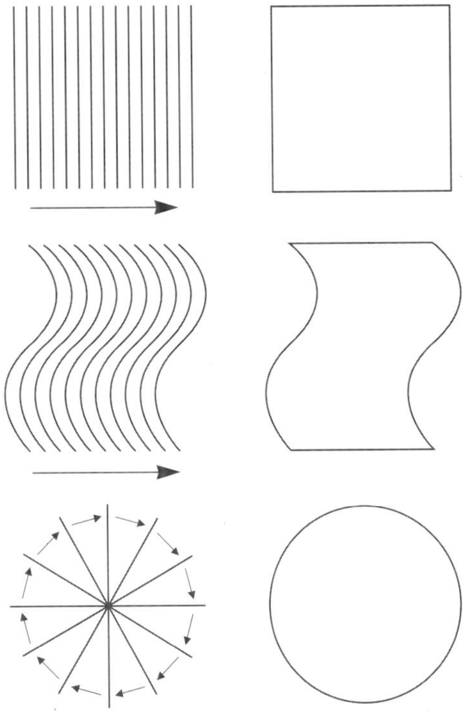

〈그림 2-7〉 면

면은 개념적으로 2차원의 영역에서 길이와 넓이를 갖고 있는 것이며 선을 한방향으로 이동시킨 것이다. 점의 확대, 선의 이동, 선의 폭이 확대되어 형성된 것으로 일정한 넓이를 갖는다. 삼각형, 사각형, 원형, 타원형 등으로 표현되며, 평면적인 이미지로 다양하게 활용된다. 접시 형태로 결정되거나 요리의 덩어리감으로 표현되어 자유 또는 구속성, 무게감을 표현한다.

점이 이동하면 선이 되고 선이 이동하면 면이 되며, 면이 이동하면 입체(solid)가 된다. 눈에 보이지 않는 형은 취급하지 않으므로 점에서 면적을 갖는 형을 취급한 것과 같이 선에 있어서도 굵기와 폭을 함께 취급한다. 그러나 이러한 면적이나 폭은 양이 증가되면 당연히 선의 이미지는 희박해지고 따라서 면으로서의 의미가 강해진다. 그때 면의 형으로서의 인식은 어떤 방향으로부터 일어날 것인지는 그 경계를 그을 수가 없다. 주변의 상황에 따라 여러 가지 양상이 다르기 때문이다.

동종 또는 유사한 선의 덩어리가 있을 경우에는 굵은 선이 혼합되어 있어도 선으로서 인식되기 쉽다.

〈표 2-4〉 면의 종류와 특징

면의 종류	특 징
삼각형	안정성, 냉철함, 이지적임, 움직임, 차가움
사각형	단정함, 엄격함, 편안함, 경쾌함
다각형	변화성, 유동적임, 각이 많을수록 풍부한 느낌
원 형	원만함, 안정적임, 부드러움, 여성적임
기하직선형	안정, 신뢰, 확실, 강력, 명료, 질서, 간결
자유직선형	강렬, 예민, 직접적, 대담, 활발
기하곡선형	수리적인 질서, 명료, 자유, 이해, 정연
자유곡선형	우아, 매력적, 여성적, 유연, 불명료, 무질서

〈표 2-5〉 면의 성격

면의 성격
점의 확대, 선의 이동이나 폭의 확대에 의해 성립
넓이의 개념을 갖춘 2차원의 세계
원근감, 질감, 공간감, 입체감을 나타낼 수 있음

〈그림 2-8〉 면을 이용한 사례 1

〈그림 2-9〉 면을 이용한 사례 2

4) 입 체

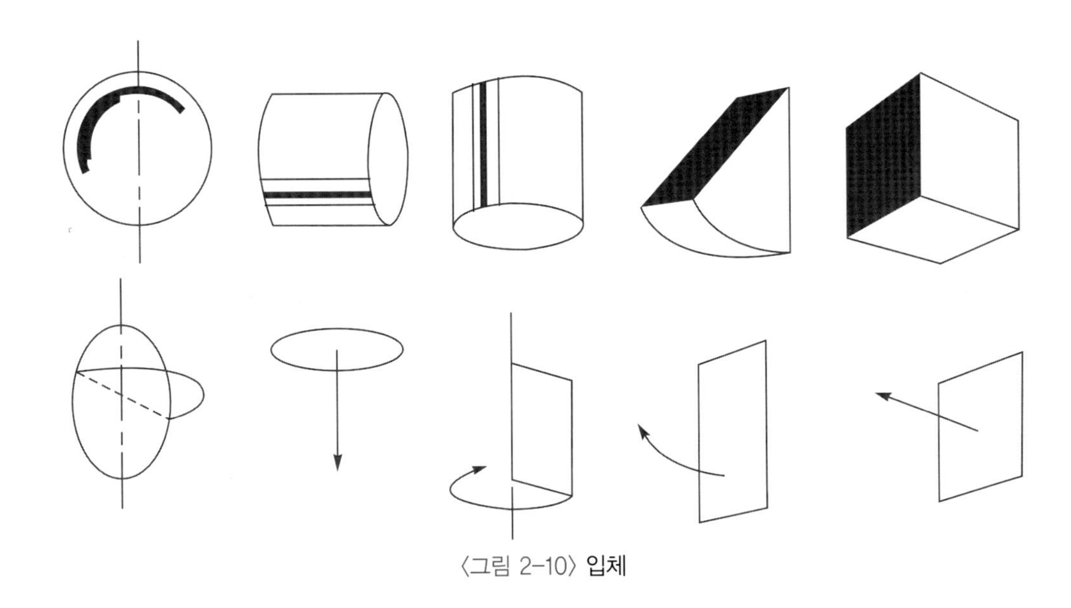

〈그림 2-10〉 입체

입체는 점, 선, 면보다 명백하고 보다 많은 특징을 갖는다. 그것은 굵기와 긴밀함, 한정성, 3차원성, 무게 등이다. 푸드 스타일링에서의 입체는 면의 단순 이동 또는 회전 이동에 따라 형성되며 구, 원기둥, 뿔, 입방체가 있다. 종류에 따라 각기 다른 이미지로 표현된다. 서양요리의 레이아웃에서 많이 활용되어 그 특성에 맞게 요리의 디자인에 활용할 수 있다.

〈표 2-6〉 입체의 종류와 특징

입체의 종류	특 징
육면체	고정성, 강직성, 차가움
각 뿔	진취감, 안정감, 경쾌감, 이지적임, 이질성
원기둥	유동적임, 풍성함, 안정감
원 뿔	원만함, 안정적임
구	부드러움, 여성적임

〈표 2-7〉 공간에서의 외곽선

보는 방향과 각도에 따른 공간에서의 외곽선
점의 이동으로 생기는 선 – 1차원의 세계
선의 이동으로 생기는 선 – 2차원의 세계
면의 이동으로 생기는 선 – 3차원, 공간, 3D, 부피

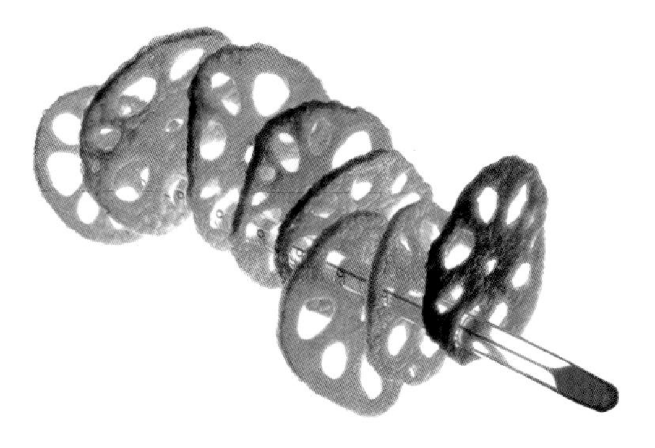

〈그림 2-11〉 입체를 이용한 사례 1

〈그림 2-12〉 입체를 이용한 사례 2

5) 형 태

〈그림 2-13〉 형태

형태는 주로 시각과 촉각에 의해 지각되기 때문에 색과 함께 대상의 감각적 경험을 형성하는 중요한 요소이며 면적(area), 모양(shape), 덩어리(mass), 윤곽(form) 등으로 언급되는데, 형은 어떤 형체의 윤곽이라고 할 수 있고 형태는 형으로 이루어진 윤곽, 내부 형태, 조형을 가지고 있는 본질적으로서 3차원적 표현 용어이다.

- 점, 선, 면, 입체, 색채, 질감, 명암, 패턴, 균형
- 대상물이 추구하는 사용 목적과 일치할 때 독립된 가치(실용성의 가치 내포)

〈표 2-8〉 형태의 분류

자연 형태	사람의 의지와는 상관없이 형성 분리, 고립, 결합, 상호관련, 가변적(예: 자연물, 성게껍질, 나뭇가지)
인위 형태	타율적 형성, 재료와 기술 필요(예: blog, 전자제품, 옷)
현실 형태	우리 주변에서 '지각'을 통하여 얻어지는 형태 자연 형태, 인위 형태 모두 포함
순수 형태	이념적 형태, 모든 형태의 기본 점, 선, 면, 입체 현실 형태의 속성을 버리고 최후에 남는 형식 실형태를 구성하는 원소 – 플라토(plato)의 상대적 형태 : 비례 또는 미가생물의 성질이나 모방에서 유래되는 형태 절대적 형태 : 자나 척도를 사용하여서 얻어진 직선·곡선, 면, 입체 등으로 구성되는 형태 또는 추

* 세잔느"자연에 존재하는 추상형을 깨닫고 모든 형태들을 세 가지로 압축"
* 르네상스, 입체주의(피카소)는 자연 속에 있는 구, 원추, 원기둥의 모형으로 이루어진 기하학적인 세계를 표현

〈그림 2-14〉 형태를 이용한 사례 1

〈그림 2-15〉 형태를 이용한 사례 2

6) 크기(size)

〈그림 2-16〉 크기

크기라는 요소는 대개의 경우 등한시되지만 위대성이나 장대하다와 같은 감동을 주던가, 위압이나 압도감을 느끼게 하는 것은 크기의 함수에 의한 것이다. 귀엽다든가, 가련하다든가, 값지다는 감정에 대하여도 크기가 작다는 것이 중요한 함수이다. 실제 크기의 축척을 보이는 척도 같은 역할에 누구나 아는 것의 크기를 보여, 이 크기에 대비해서 실물의 크기를 나타낼 수가 있다.

〈그림 2-17〉 크기를 이용한 사례 1

〈그림 2-18〉 크기를 이용한 사례 2

7) 방향(direction)

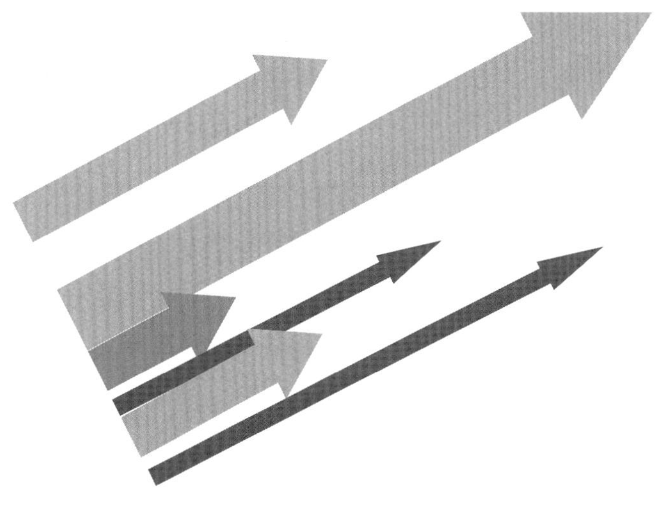

〈그림 2-19〉 방향

방향은 선의 동세에 의해 좌우된다. 이것은 선에 의한 방향과 운동 방향으로 나눌 수 있다.

〈표 2-9〉 방향 종류와 특징

	방향 종류	특 징
선에 의한 방향	수직 방향 수평 방향 사각 방향	고상, 권위, 거만, 준엄 영구, 평화, 정숙, 권태 활동, 생기, 폭력, 과민
운동 방향	내방 운동 외방 운동 사각 운동	수축 개방성, 확장 활동, 유력, 난폭, 신경질

〈그림 2-20〉 방향을 이용한 사례 1

〈그림 2-21〉 방향을 이용한 사례 2

8) 명암(value or tone)

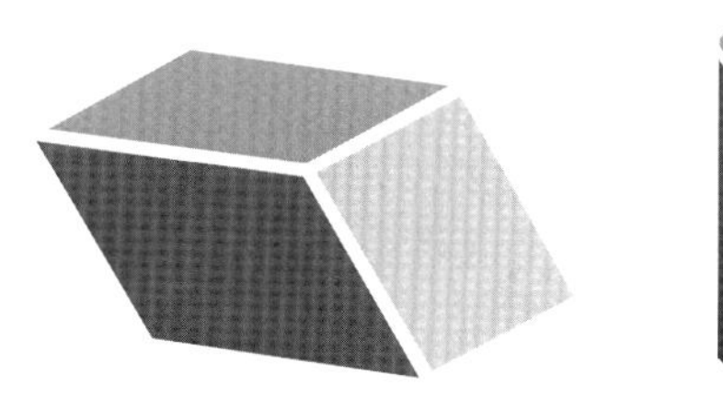

〈그림 2-22〉 명암

빛이 없으면 물건을 볼 수 없다. 우리는 다른 동물들과 같이 빛에 대하여 민감하고 우리들의 감정은 빛의 강도에 따라 크게 영향을 받는다. 효과적인 디자인을 하기 위해서는 명암의 조화를 명백하게 인정하고 이것을 표현할 수 있어야 한다. 명암의 종류, 성질, 무게, 명료성, 온도 등을 다음과 같이 표현할 수 있다.

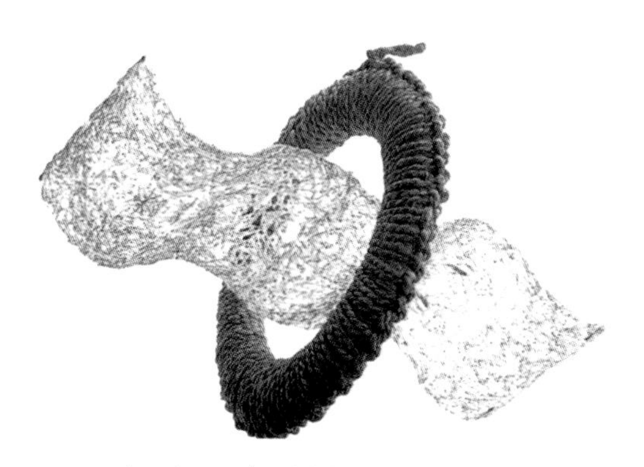

〈그림 2-23〉 명암을 이용한 사례 1

〈그림 2-24〉 명암을 이용한 사례 2

9) 텍스추어(texture)

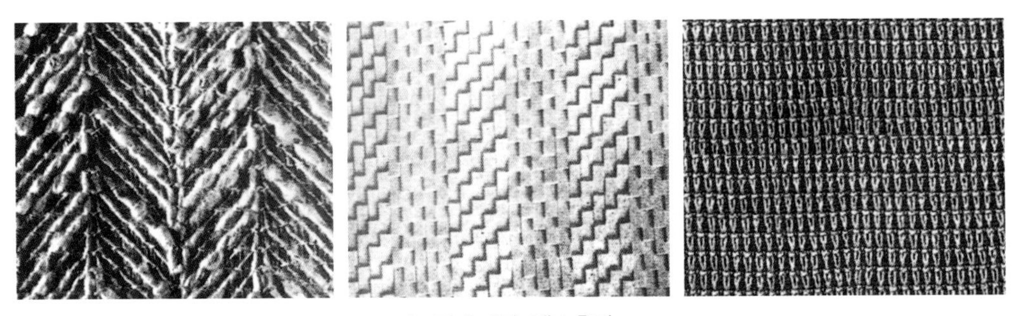

〈그림 2-25〉 텍스추어

물체의 표면상의 특징을 시각을 통해서 느낄 수 있는 성질이 텍스추어이다. 텍스추어의 상태는 표면에서 받는 감정에 영향을 준다. 물건의 미적 가치에 대하여는 표면상의 정리, 즉 텍스추어의 상태로 쾌함과 불쾌함의 심리적 반응이 나타난다. 기본적인 텍스추어의 심리적 영향에 대하여는 다음과 같다.

〈표 2-10〉 텍스추어 성질과 느낌

성 질	느 낌
무 게	무겁다 – 강하다, 대담하다 가볍다 – 평이하다, 약하다
빛에 대한 반응	투명한, 반투명한, 불투명한 느낌
구 조	균일한, 건강한, 날카로운, 띠를 두른, 불규칙한, 꼭맞는
촉 감	부드러운, 감촉이 좋은, 따뜻한, 마른, 거친, 찬, 젖은 느낌

〈그림 2-26〉 텍스추어를 이용한 사례 1

〈그림 2-27〉 텍스추어를 이용한 사례 2

2. 디자인의 구성 원리(Design Principle)

디자인의 원리란 디자인의 요소들이 어떤 특정한 통일과 질서 효과를 성취하기 위하여 어떠한 방법으로 결합되어야 하는가를 결정하는 하나의 심미적인 연관법칙이나 구성 계획이라 할 수 있다.

어떤 실체를 형성하기 위하여 그것이 이루어져야 할 각 요소들의 상호의존적인 질서를 만들기 위한 구조적 계획이다. 즉 디자인 요소들이 어떤 특정한 효과를 성취하기 위해 서로 다른 요소들이 표현될 때 일어나는 현상을 아름답고 조화롭게 만들어 내는 규칙이다.

이러한 원리들은 본래 미학상의 개념이지만, 오늘날에는 많은 예술분야에서도 사용되는 원리로서 독립적으로 나타나는 것이 아니고 상호 보완적인 관계를 갖고 형식적 요소나 감각적 요소의 영향에 의해 총체적으로 나타난다.

디자인 원리들은 단지 어떤 기준으로서 가치가 있을 뿐이며 모든 작품에서 반드시 준수해야 하는 절대적 규칙은 아니라는 점이다. 이 원리는 상대적인 개념이므로 실제 사람들이 납득할 수 있도록 설명하기 위한 어떤 논리적인 기준을 찾는다는 것은 어려운 일이다.

1) 균형(balance)

균형이란 두 개 이상의 요소 사이에 부분과 부분 또는 전체 사이에 시각상의 힘이 안정되어 있으면 보는 사람에게 안정감을 준다. 대칭과는 달리 좌우 비대칭형으로써 얻는 형태상의 시각적, 정신적 안정감을 말한다. 균형은 점, 선, 면, 형, 크기, 방향, 재질감, 색채, 명도 등 시각 요소의 배치량과 성질 등의 결합에 의해 표현되며 동적 균형(dynamic balance)과 정적 균형(static balance)으로 구분할 수 있다. 균형은 질서와 안정, 통일감을 느낄 수 있게 하는 요소이다.

균형은 전후의 수평을 삼은 원리인데, 자유로운 형과 변화를 지니고 있으면서 전체로서 조화를 유지하고 있는 상태를 의미한다. 서로 반대되는 힘의 평행 상태, 즉 상하 · 좌우, 비대칭으로 시각적 · 정신적 안정감을 갖게 되는 필연적인 결속을 뜻한다. 이는 시각적으로 물체에 주어지고 있는 힘의 강도가 서로 비기고 있는 상태이고 크기, 무게, 비중이 안정된 상태를 가리킨다. 균형의 가장 완전한 형을 균제, 균정이라고 하며 그 결정 요인은 무게(weight)와 방향(direction)이다.

〈그림 2-28〉 균형을 이용한 사례 1

〈그림 2-29〉 균형을 이용한 사례 2

* 둘 이상의 부분의 중량이 하나의 지점에 지탱되어 역학적으로 균형되었을 때 밸런스의 상태에 있다고 한다. 균형의 방법에는 두 가지 다른 형식이 있다. 하나는 균형이 잡힌 형이고 또 하나는 불균형의 균형이다. 균형, 즉 안정의 개념은 대개 중량에 관한 저울의 구조로서 설명되지만 시각적인 균형은 점, 선, 면, 형, 대소, 방향, 텍스추어, 빛깔 등 시각 요소의 배치, 양, 성질 등의 조합으로 표현되어 동적 및 극적 또는 정직, 경쾌한 감정이 나타난다.
둘 이상의 요소 사이의 안정감, 평형감 -비례와 밀접한 관련을 가진다.

① 대칭적 균형(symmetry)

중앙을 지나는 가상의 선을 축으로 덮으면 완전히 일치되는 경우를 말한다. 대칭적 균형은 안정적이며 위엄은 있으나 정적인 특징이 있다.

〈그림 2-30〉 대칭 균형을 이용한 사례 1

〈그림 2-31〉 대칭 균형을 이용한 사례 2

② 비대칭의 균형(asymmetry)

형식상으로는 불균형해 보이지만 시각상의 힘이 정돈되어 균형이 잡혀 있는 것으로 시각적으로 안정감을 주고 대칭적인 균형에 비해 동적이면서 세련미를 느낄 수 있다.

형태상으로는 불균형이지만 시각상 힘의 정돈에 의한 균형을 느끼게 한다.

〈그림 2-32〉 비대칭의 균형을 이용한 사례 1

〈그림 2-33〉 비대칭의 균형을 이용한 사례 2

③ 방사형의 균형

중심이 되는 것의 주위에 있는 사물들의 원형으로 돌면서 균형을 잡는 것으로 사각형으로 된 공간에서 신선한 대비감을 느끼게 한다.

〈그림 2-34〉 방사형 균형을 이용한 사례 1

〈그림 2-35〉 방사형 균형을 이용한 사례 2

2) 조화(harmony)

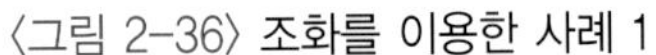

〈그림 2-36〉 조화를 이용한 사례 1

〈그림 2-37〉 조화를 이용한 사례 2

조화란 두 가지 이상의 요소 또는 부분이 서로 분리되거나 배척하지 않고 각 요소가 통일된 전체로서 종합적으로 고차원의 감각적 효과를 발휘할 때에 일어나는 현상이다. 통일의 조건이 될 수 있는 조화는 전체적으로 질서를 잡아주는 역할을 하며 다양의 통일성 또는 변화의 통일성과 같이 양면에서의 작용을 하고 있다. 조화가 부족한 형식은 다른 원리가 충실했다 해도 총괄적 통일감이 없는 산만한 느낌을 주게 된다. 또한 조화란 혼자서 이룰 수 없는 것으로서 각 요소의 상호 관계에 의하여 생겨난다. 그러나 같은 요소가 지나치게 조화되면 단조롭기 쉽다.

유사한 것에 의한 조화는 공통된 내용을 발견해낸다는 점에서 동일한 경우에 가깝다. 동일성이 높고 어떤 경향이 명백히 지배적이면 통합하기는 좋으나 단조롭고 적응의 폭이 좁아진다. 이것에 대하여 대비성을 살린 변화가 풍부한 구성은 통합하기는 어려우나 즐거움과 자유로운 느낌이 강하다.

* **조화란** 둘 이상의 요소 또는 부분의 상호 관계에 대한 미적 가치 판단으로서 그것들이 서로 분리하거나 배척하지 않고 통일한 전체 요소로서 각 요소, 그것보다도 높은 의미의 감각적 효과를 발휘할 때에 일어나는 미적 현상이다. 이 조화의 반대를 부조화라고 하며 좋은 조화는 요소 상호간에 공통성이 있는 동시에 무엇이든 차이가 있을 때 얻을 수 있는 것이 보통이다. 이 차이성이 심할 때 그것을 대비라고 하여 조화와 대비로 확립되는 두 개념이라고 보는 수도 있다. 조화적인 색채는 채도나 명도에 대한 변화, 두 요소의 관계에서 일어나는 간격의 선택에 의한 근사의 질서가 유지되는 것으로 심리적인 효과는 조용하고 평화롭다.
  - 두 개 이상의 요소 또는 부분의 상호 관계
  - 분리, 배척되지 않고 통일된 전체로서 높은 감각적 효과를 만들 때 일어나는 현상
  - 적절한 통일과 변화
  - 좋은 조화는 요소 상호간의 공통성과 차이점이 공존
  - 유사 : 동질의 요소, 시각상 힘의 균형
  - 대비 : 이질적인 요소의 조합, 시각상 힘의 강약에 의한 감정 효과
  - 통일 : 유사성(형, 색, 질감, 방향이 같은 선)의 합일

* **변화와 통일은 상반, 기밀한 상호 유지 관계**

  지나친 통일 강조 - 지루, 단조로움

  지나친 변화 강조 - 무질서, 혼란, 불쾌감
  - 푸드 스타일리스트는 시각적인 긴장을 해소시킬 다양성을 추구해야 함.
  - 푸드 스타일리스트는 변화 할 수 있는 상이함을 연출하는 것

① 반복 (repetition)

일정한 간격을 두고 되풀이되는 것을 반복이라 한다. 단순한 반복은 단조롭고 용이하지만 시각적 반복의 변화를 가진 연속적인 리듬을 되풀이할 경우에는 매력적인 리듬이 되며, 이러한 복잡한 연속리듬에 의한 반복을 교차라고 한다. 어떤 디자인에서 우리가 동일 형태를 1회 이상 사용할 때, 우리는 그것을 반복한 셈이 된다. 반복이야말로 디자인하는 데 가장 단순한 방법이다. 건축물의 기둥과 창문, 가구의 다리, 직물의 무늬, 복도의 바닥에 깔린 타일 등은 반복의 좋은 예이다. 단위 형태가 큰 것이 적은 숫자로 사용될 때 단조롭고 대담하게 보이며, 단위 형태가 작은 것이 많은 숫자로 쓰여졌을 때, 그 디자인은 미세한 요소들로 구성된 획일적인 질감의 일부분처럼 보인다.

동일한 형식의 구성이 반복되면 시선이 이동하여 상대적으로 동적인 감을 주게 되어 리듬이 생기며, 시각적으로는 힘의 강약 효과를 생각할 수 있다. 이러한 구성은 비교적 쉽게 만들 수 있지만, 반복이 적지 않을 때에는 단조롭게 되기 쉬우므로 주의하지 않으면 안 된다. 반복이 많게 되면 힘의 균일 효과가 나타나서 표현은 균질하게 되며, 풍부함을 더해준다.

지나치게 반복이 강조된 것은 전체적인 통일감을 저해하는 요인이 되기도 한다.

〈그림 2-38〉 반복을 이용한 사례 1

〈그림 2-39〉 반복을 이용한 사례 2

② 점이(gradation)

그라데이션이나 점이라고도 하며 조화적인 단계에 의하여 일정한 질서를 가진 자연적인 순서와 계열로써 기본적으로 유사한 일련의 흐름을 나타내는 것이다. 그라데이션의 조형적 효과는 무엇보다 원근의 효과를 내는 시각적 요소라고 할 수 있다. 이런 점은 자연의 현상에서 찾아볼 수 있는데, 물의 파문이라든가 규칙적인 변화와 밤과 낮의 되풀이 등도 일종의 시각적 혹은 정신적인 그라데이션으로 지각할 수 있다.

점이는 기본적인 일련의 유사로 조화적인 단계에 의해 일정한 질서를 가진 자연적인 순서의 계열이다. 일출에서 일몰, 흑에서 백, 성장, 유행, 자동차의 기능을 통한 진보 등을 들 수 있다.

〈그림 2-40〉 점이를 이용한 사례 1

〈그림 2-41〉 점이를 이용한 사례 2

3) 리듬(rhythm)

리듬은 청각에 연관되는 하나의 원리이며 동일성을 기본으로 한 감각적 또는 동적인 변화이다. 통일성을 전제로 한 동적 변화라는 원리이다. 각 요소들의 강약이나 단위의 장단이 주기성이나 규칙성을 가지면서 연속되어지는 운동을 말한다. 리듬은 반복되는 악센트(accent), 순환하는 강약, 시각적 자극과 자극 간의 간격이라고 할 수 있으며 리듬에는 일종의 질서와 분위기가 조성되어 나가야 한다. 정적인 것과 동적인 율동은 이러한 규칙과 요구에 따라 이루어지며 리듬의 시각적인 자극은 하나하나의 크기, 형태, 색채, 구성에 대하여 통일되기는 어려우나 공통으로 느낄 수 있는 시각 특징을 가질 때에도 발생된다.

각 부분 간의 시각적으로 강한 힘과 약한 힘이 구체적으로 연속할 때에 생겨나는 것으로, 이와 같은 동적인 질서는 활기있는 표정을 생기게 하여 보는 사람에게 경쾌한 감정을 준다. 리듬은 다른 조화에 비하여 이해하기 어려우며 질서를 부여하기도 간단하지 않지만 생명감이나 존재감을 가장 강하게 나타낼 수 있다.

〈그림 2-42〉 리듬을 이용한 사례 1

〈그림 2-43〉 리듬을 이용한 사례 2

* 리듬이란 말은 율동이란 뜻이나 넓은 의미로는 반복, 교체, 점이, 균제도 리듬에 포함된다. 리듬은 자연계의 동식물 가운데나 우리들이 만들어 내는 조형물 속에서도 볼 수 있다.

반복 리듬 – 강약의 요소가 규칙적으로 뒤바뀌어 시각적으로 공간 진행에 의하여 생기는 운동감이다. 동일한 요소를 인식한 잔상이 연속되어 생기는 운동감이다. 선, 형체, 색채, 경중, 재질감 등의 연속 교체에 의하여 생긴다. 그러나 너무 소극적이면 무미건조하기 쉽다.

점진적 리듬 – 마치 방사형 균형에서처럼 핵심으로부터 점점 팽창되거나 수축되어 일어나는 리듬이다. 물에 돌을 던졌을 때 파문이 팽창과 점진 상태로 경쾌한 율동을 일으킨다. 달팽이, 우렁이, 담장식물의 넝쿨 등에서 볼 수 있다.

– 음악 무용과 친숙
– 각 요소와 부분 사이에 강한 힘과 약한 힘이 규칙적으로 연속 될 때 생김
– 자연의 본질 : 계절 순환, 밤낮, 조수, 위성의 움직임

4) 통일(unity)

구성의 원리 중 첫째로 들 수 있는 통일은 감각적으로나 또는 실제적으로도 형, 색, 양, 재료 및 기술상에서 미적 관계의 결합이나 질서를 말한다. 구성의 조직에서 많은 요소들은 여러 가지 감정상의 경쟁을 하지만 가장 우세한 요소가 주조가 됨으로써 대립은 해결되며 통일을 이룰 수가 있다. 구성 요소나 그 부분의 관계에 있어서 이질적 요소가 강하고 극단적으로 변화에 치우칠 때에는 혼란과 무질서가 초래된다. 그러나 통일에 지나치게 치중하면 단조롭고 무미건조해지기 쉬우므로 적당한 변화와 통일이 있어야 한다.

통일이란 조화와 일치되는 질서이며 감각적으로나 실제적으로도 형태, 색채, 양, 재료 및 기술상에서의 미적 관계의 결합을 나타내는 것이며, 주조(dominance)와 종속의 관계를 명백히 하는 것으로 완고, 안정성, 대립 개념을 의미한다.

정적인 디자인은 규칙적이고 반복된 형태들과 원의 균일하고 변하지 않는 곡선에 기반을 두고 있다. 반면에 동적 디자인은 중심핵이 점차 커지면서 크게 번져가는 나선형의 연속된 흐름과도 흡사하다.

〈그림 2-44〉 **통일을 이용한 사례 1**

〈그림 2-45〉 **통일을 이용한 사례 2**

5) 변화(variety)

변화는 통일과 떼어놓을 수 없는 관계다. 그러나 필요 이상의 복잡한 변화에서 통일이라는 질서와 정리가 없다면 구성이 산만해질 것이며, 주체성마저 약해질 것이고 통일에 너무 치중하면 단조롭고 시각의 정지 상태를 가져온다. 알맞은 변화라는 것은 통일의 영역을 침해하지 않는 한도 내에서 이루어져야 변화의 가치를 얻을 수 있으며 그 필요성도 느끼게 된다.

〈그림 2-46〉 **변화를 이용한 사례 1**

〈그림 2-47〉 **변화를 이용한 사례 2**

6) 비례(proportion)

단위형의 비례 혹은 비율이라는 규칙적 운동의 변화를 주어서 부분과 전체의 관계를 좀더 풍부하게 하는 수적 변화를 말한다. 비례란 크기나 장단의 비를 말하며, 균형과 직접관계가 있다. 똑같은 반복이나 균제와는 달리 질서와 변화를 갖게 하는 것이다. 인체의 각 부분의 길이의 비례는 가장 신비한 비를 가지고 있다. 대칭은 수적으로는 비교적 단순한 관계로 있는데 비해서, 비례는 한층 명쾌한 수적 비율의 질서가 있다고 생각해도 무방할 것이다. 고대 건축가들은 분할을 신비한 미의 상징으로 생각하여 건물의 시각적 비례를 중요시했다. 가장 아름다운 비례는 역시 황금분할(golden-section)이며 시각예술에서 중요한 역할을 하고 있다. 선은 물론, 자유 곡선을 사용하거나 직선과 곡선을 공용하여도 무방하다.

비례에는 대표적인 황금비와 모듈(module), 즉 어떤 조화로 통일하는 기준의 척도 등이 있다. 그리고 비례미, 다시 말해서 균제미는 어떤 형태의 각 부분이 어떠한 비례를 가질 때 생기며 전체로서의 통일감을 결정하게 되기 때문에 미감을 느낀다.

비례를 통해 정적인 장중감도 생기며 반대로 역동적인 율동감을 줄 수도 있다. 비례가 너무 간단하면 단조롭기 쉽지만, 반면에 지나치게 복잡하면 무질서와 혼란이 표현되기도 한다.

〈그림 2-48〉 비례를 이용한 사례 1

〈그림 2-49〉 비례를 이용한 사례 2

* 이상적인 몇몇 비례는 옛날부터 공식화되어 디자인의 기본 원리로써 통일과 변화를 얻는 법칙으로서 오늘날까지 전해지고 있다.

황금분할 – 고대 그리스 시대부터 아름다운 비례로써 시각미술 속에 적용되어 왔다. 이 황금비는 자연 속에서 식물의 생활구조 조직 속에 내재한다. 잎사귀의 위치, 씨의 구조, 조개껍질이나 벌집의 성장 등에 나타난 것처럼 동식물의 생활의 구조적인 주제로써 존재한다. 솔방울, 해바라기씨는 이 비례의 자연 속에서 찾을 수 있는 예이다. 이 분할의 기본은 하나의 대 · 소 두 선으로 나뉠 때 작은 부분의 길이와 큰 부분의 길이의 비가 큰 부분과 전체와의 비와 같아지는 분할로써 이 분할을 황금분할이라 한다.

- 모든 사물의 상대적인 크기, 혹은 크기나 길이에 대한 양의 관계
- 부분이 전체에 미치는 합법적인 관계
- 크기는 비례와 밀접한 관계
- 비례는 인류 창조 이래로 이미 간직해 온 속성
  (예 : 성서 내 창세기의 창조 과정)
- 시대적 비례 체계
  이집트 : 수리탐구를 통한 비례 체계 확립
  그리스 : 인체에 대한 황금비례 추구
  중세 : 원근법을 통한 비례 체계 추구
  근대 : 미학적이고 이론적인 비례 체계의 확립
- 비례 체계의 예

* **인간과 자연 :** 환경에 맞는 가장 조화로운 비례, 자연 속의 비례에서 질서, 다양성, 통일성
* **인공물의 비례 :** 가구나 의자 등 해부학적, 공간적인 욕구 만족
* **황금비례 :** 고대 건축가들의 수학적인 비례, 건물
  황금분할법칙(1:1.618) – 오늘날까지 디자인의 기본원리에 적용
  르네상스기에는 '신'의 비례로 존중되어짐
* **루트비례 :** 직사각형, 정사각형의 비례, 상업용 증권, 어음,
  도서관, 사무실의 분류카드, 신문, 서류의 비례,
  조립식 건축 설계
* **우리의 전통 비례 :** 황금비보다 좀 더 실용적
  선사시대 이래 주거 공간의 비례 1:1.4(금강비례)
  (예 : 고구려의 금강사와 석굴암)

7) 강조(emphasis, accent)

강조는 사람의 주의를 집중시켜 어떤 시각적 만족감을 제공함으로써 그들을 자극시키는 형태를 만들어 내는 것이다. 어떤 주변 조건에 따라 특정한 부분을 강조하게 하여 변화를 주는 요소이다. 이것은 전체적 통일감을 얻기 위한 부분적이고 소극적인 방법이지만 때에 따라서 가장 강한 통일감을 나타낼 수도 있다. 즉 모티브의 주제를 어디에 두는가에 따라 강조를 재확인시켜 주거나 강조하고자 할 때 쓰이는 원리이다.

강조는 어떤 주변 조건에 따라 특정한 부분을 강하게 하여 변화있게 해주는 요소로써 방사대칭의 중심 성질과 같은 것이다. 가장 강한 통일감이며 어느 점을 끄집어(pick up) 연출하는 것을 나타낸다. 강조의 요소는 끌어당기는 효과 때문에 구심성이나 유인성, 원심성이나 확산성이 있고 또한 강제성이 있다. 그러므로 강조를 표현할 때에는 여러 가지 특성의 적절성을 찾아야 단일화할 수도 있고 복합화시킬 수도 있다. 그러나 너무 많이 사용해서 혼돈을 가져올 수도 있으며, 또한 모든 것이 강조된다면 결국 강조의 효과는 소멸되는 것이다.

〈그림 2-50〉 강조를 이용한 사례 1

〈그림 2-51〉 강조를 이용한 사례 2

8) 대비(contrast)

대비는 의도한 모티브의 주류와 보조를 대조시켜 줌으로써 전체적으로 그 종속 관계의 통일을 작게 하는 소극적인 면도 가지고 있다. 어느 대상의 아름다움과 추함을 결정하는 조건을 그것의 내용, 의미와 분리해서 형식만을 생각할 때 이것을 미의 원리, 또는 미의 형식원리라고 한다. 따라서 디자인의 형식적 원리만을 고려할 때 디자인의 원리라고 한다.

대비(contrast)는 두 개의 명백히 반대되는 것 사이에서 형성되는 감각상의 차이로 비교되는 대조 현상을 말한다. 대비는 시각적으로나 공간적으로 가까운 다른 자극의 영향으로 먼저 받은 자극의 감수성이 변하게 되며, 이질적인 성질을 가진 두 개 이상의 요소를 관련시킴으로써 상반되는 특징이 명료하게 나타나는 현상으로써, 개성이 뚜렷해지고 시각효과가 강하게 나타난다. 대비는 서로 반대되는 요소가 인접해 있는 것으로 성질, 분량을 달리하는 둘 이상의 요소가 공간적, 시각적으로 접근하여 나타날 때 일어나는 형상이며, 대비에서는 강한 명쾌감을 얻을 수 있으며 서로 다른 성질이면서도 상호 쾌적함을 느낄 수 있는 것이 특징이다. 대비에선 긴 것과 짧은 것은 서로를 나타내게 하고, 높은 것과 낮은 것, 넓은 것과 좁은 것, 큰 것과 작은 것, 무거운 것과 가벼운 것은 서로의 특성을 신장시키며 대담하게 조화되어 다양한 스타일을 연출하게 된다.

조형의 가장 기본이 되는 형태가 갖는 여러 가지 변화는 형태의 변화, 위치와 방향의 변화, 구조적인 기교, 공간의 활용, 모서리, 면, 정점의 처리, 접합관계, 반복에 따른 변화와 색채, 재료의 대비 감각을 통한 기초 조형의 이론으로서 그 전개가 가능하게 되는 것이다.

〈그림 2-52〉 대비를 이용한 사례 1

〈그림 2-53〉 대비를 이용한 사례 2

* 우리들이 물건과 물건을 구별하고 인정하는 근거가 되는 것이 대비이다. 대비는 모든 시각적인 요소에 대하여 동적이고 극적인 분위기를 연출한다. 명암, 흑백, 대소, 원근, 부드러움, 딱딱함, 찬 것, 더운 것 등 성질이 상반되는 것, 비슷한 요소가 적은 것은 대비를 보인다.
대비는 반대(opposition), 대립(standing), 변화(variety) 등으로 우리의 흥미를 자극하고 흥분시키는 다이내믹한 효과를 나타내 준다. 색채에 대하여는 보색의 조합이 가장 강렬한 색상으로서의 대비를 보인다.

3. 접시 형태와 요리 담음새

1) 접시 형태

요리 디자인에서의 접시 형태의 선택은 연출할 이미지 구도를 미리 설정하여 그 이미지에 가장 잘 부합되는 기본 구도를 택하는 것이라 할 수 있다. 실제 요리를 담을 때 접시 형태는 원형, 사각형, 삼각형, 타원형, 마름모형 등이 있으며, 이들 접시 형태는 사람에게 다양한 이미지를 제공한다.

(1) 원형 접시

가장 기본적인 접시로 편안함과 고전적인 느낌을 준다. 원형은 완전함, 부드러움, 친밀감으로 인해 자칫 진부한 느낌을 가질 수 있으나 테두리의 무늬와 색상에 따라 다양한 이미지를 연출 할 수 있다. 색상, 담는 음식의 종류, 음식의 레이아웃에 따라 자유롭고 풍성하게, 고급스럽고 안정된 이미지를 부여할 수 있다.

(2) 사각형 접시

모던함을 연출할 때 쓰이며 황금분할에 기초를 둔 사각형이 많이 쓰인다. 각진 형태로 인해 안정되고 세련된 느낌과 함께 친근한 인상을 준다. 일반적으로 사용되는 접시는 동그랗기 때문에 사각형 접시는 개성이 강하며 독특한 이미지를 표현할 때 사용한다. 안정감을 가지면서도 여러 가지 변화를 준 재미있는 연출을 할 수 있으므로 창의성이 강한 요리에 활용한다. 친밀감과 함께 이미지의 완성도가 높으면서도 변화를 쉽게 연출할 수 있다.

(3) 삼각형 접시

이등변 삼각형이나 정삼각형 등은 전통적인 구도이다. 코믹한 분위기의 요리에 사용하며, 꽃꽂이나 고대 오리엔탈 시대의 그림에도 많이 사용되었다. 날카로움과 빠른 움직임을 느낄 수 있어, 자유로운 이미지의 요리에 사용한다.

(4) 타원형 접시

원을 변화시킨 타원은 우아함, 여성적인 기품, 원만함 등을 표현한다. 좌우의 비율을 변화시켜 섬세함과 신비함을 표현한다. 포근한 인상을 전해주는 등 이미지가 다양하므로 여러 가지로 연출할 수 있다.

(5) 평행사변형 또는 마름모형 접시

사각형이 지닌 정돈된 느낌과 안정감에서 벗어나고 싶다면 선을 비스듬히 한 평행사변형을 사용하여 본다. 변의 길이를 똑같이 나누면 마름모꼴로 된다. 쉽게 이미지가 변해서 움직임과 속도감을 느낄 수가 있다. 평면이면서도 입체적으로 보인다.

2) 접시에서의 담음새

다양한 푸드스타일링을 표현하고자 할 때 안정감이나 긴장감, 속도감, 아름다움, 코믹함 등의 이미지가 있다. 여기에서는 이미지의 기초적인 형태를 바탕으로 자신의 창조에 의해 더 발전된 푸드 디자인을 표현해 낼 수 있다.

〈그림 2-54〉 접시의 형태

(1) 대칭

접시의 중심축에 대해 거울에 비추어 보는 것같이 대칭되는 것으로 많이 쓰이고 있는 구도이다. 질이 좋고, 고급스러우며, 대축대칭보다 자유스러움과 움직임을 느낄 수 있지만 역시 안정감이 느껴지는 구도로 단순화되기 쉽다. 그러나 소재와 배열을 잘 고려하면 재미있고 매력적인 요리가 될 수 있을 것이다.

〈그림 2-55〉 대칭 1

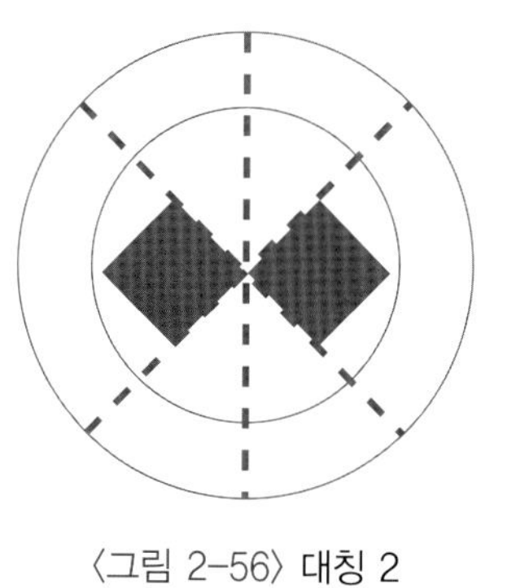

〈그림 2-56〉 대칭 2

〈그림 2-57〉 대칭 사례

(2) 비대칭

① 사각형

사각형은 정리하기 쉽고, 동그라미 안에 사각형을 만든다고 하는 것 자체에서 변화가 생긴다. 안정감을 가지면서도 여러 가지 변화를 준 재미있는 구도가 될 수도 있다.

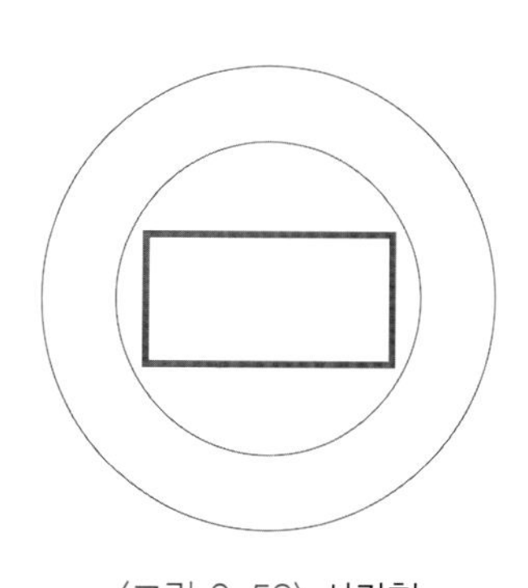

〈그림 2-58〉 사각형

〈그림 2-59〉 사각형 사례

② 삼각형

이등변 삼각형이나 피라미드형 삼각형 등은 르네상스의 인물화나 수많은 초상화에 이용되었던 전통적인 구도이다. 꽃꽂이에서도 삼각형을 기본으로 하고 있다는 것은 잘 알려져 있다. 이 구도는 코믹한 분위기의 요리에 사용하는 것이 좋다.

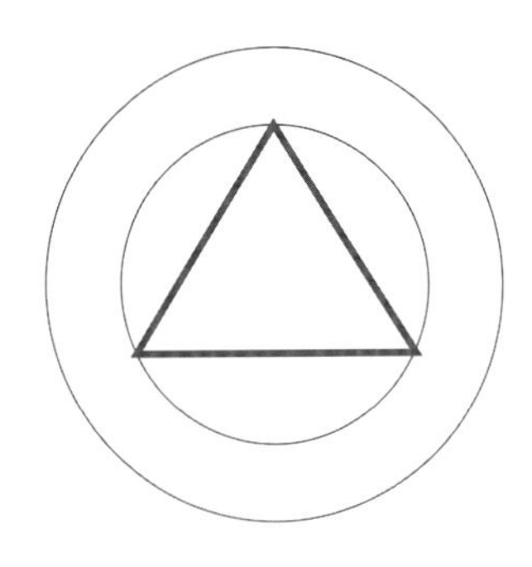

〈그림 2-60〉 삼각형

〈그림 2-61〉 삼각형 사례

(3) 방사형 대칭

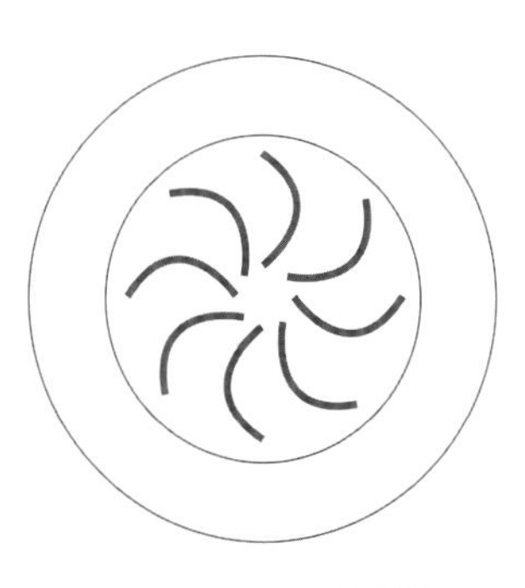

〈그림 2-62〉 방사형

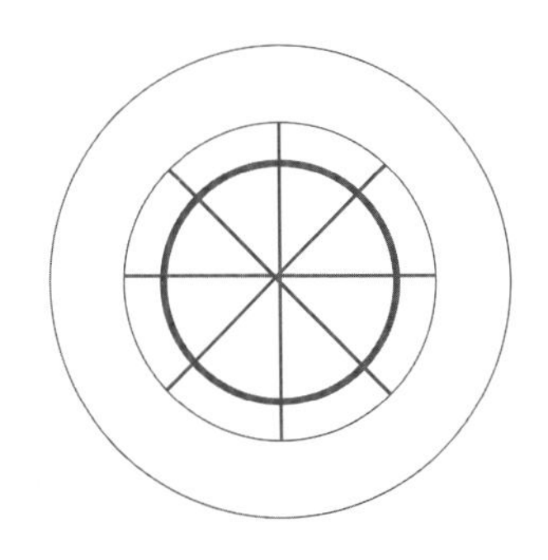

〈그림 2-63〉 방사형

〈그림 2-64〉 방사형 사례

물결 모양이 중심으로부터 밖으로 완만히 넓혀가는 데 비해 방사 모양은 여러 방면이 힘 좋게 나간다. 격동적이고, 경질감이 있으며, 중심이 강조된다. 보는 법을 바꾸면 마치 회전그네나 풍차같은 리드미컬한 원회전을 느낄 수 있다. 밖으로 향하는 힘과 회전하는 템포 사이의 균형을 얻을 수 있는 구도이다. 요리의 소재가 어떤 일정한 방향(좌 또는 우)을 향해 회전하며, 균형 잡혀 있다. 대칭의 안정감, 차분한 가운데에서도 움직임과 리듬, 흐름을 느낄 수가 있다. 밝음과 즐거움이 있는 이미지이다. 단, 끝까지 균형을 잘 맞추지 않으면 유치하게 될 수 있다.

(4) 타원형

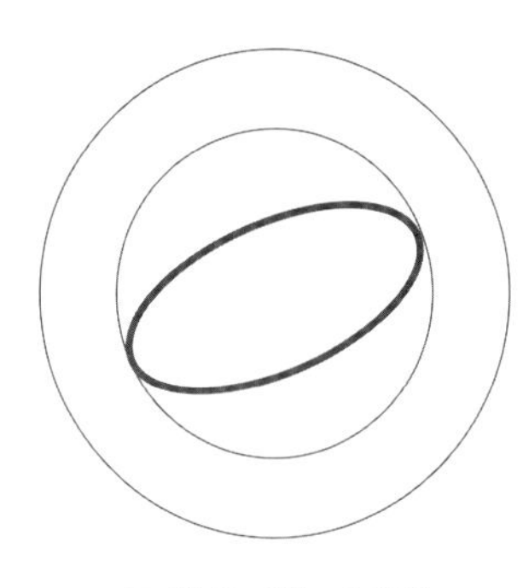

〈그림 2-65〉 타원형

〈그림 2-66〉 타원형 사례

요리에 있어서의 타원형은 동그란 접시 가운데 원을 변화시킨 타원을 배치하는 것은 동그란 원보다도 사실을 구성하기 쉽다. 그리고 타원의 매력은 우아함, 여성적인 기품, 원만함일 것이다.

(5) 평행사변형(마름모꼴)

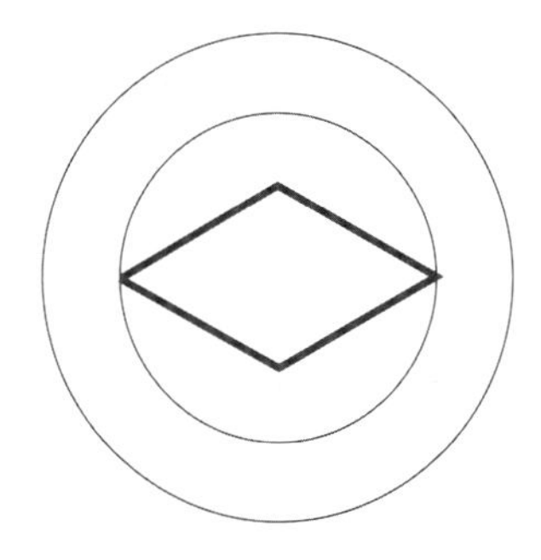

〈그림 2-67〉 평행사변형

〈그림 2-68〉 평행사변형 사례

사각형이 지닌 정돈된 느낌과 안정감이 못마땅하다고 생각한다면 그 선을 비스듬히 해서 평행사변형을 만들어 본다. 변의 길이를 똑같이 나누면 마름모꼴로 된다. 쉽게 이미지가 변해서 움직임과 속도감을 느낄 수가 있을 것이다. 또한 평면이면서도 입체적으로 보인다. 단, 이 형태는 만들 때 작아지는 경향이 있으므로 주의한다.

(6) 리듬 모양

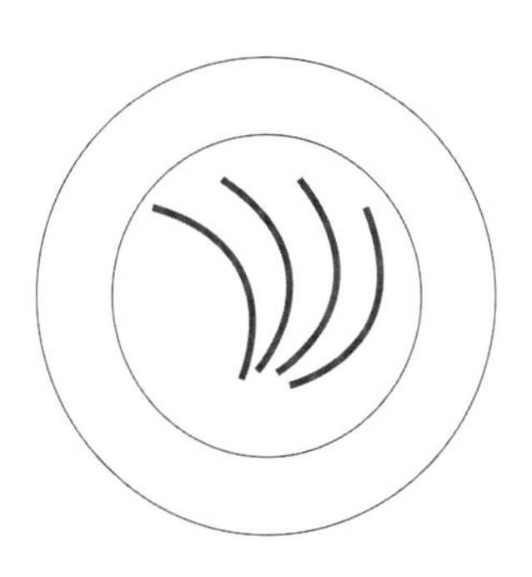

〈그림 2-69〉 리듬 모양

〈그림 2-70〉 리듬 모양 사례

접시 한가운데 어떤 일정하게 반복되는 규칙을 위치시킨 것으로, 템포가 빠른 음악처럼 리드미컬한 이미지를 갖는다. 경쾌하고, 코믹하고, 명랑함을 표현하고 싶을 때를 겨냥하고 있다. 식사의 처음인 오드볼이나 안띠파스타에 사용하면 즐거움을 더해 줄 것이다.

(7) 번개 모양

〈그림 2-71〉 번개 모양

〈그림 2-72〉 번개 모양 사례

마름모형에서 발전된 형태이다. 상하 관계에 있는 동적 구도 가운데 구성되어 있으며 접시 위에 번개 모양의 하나하나가 연결되어 있다.

대담하고 행동적이며, 역량감이 있어 위아래의 구석 쪽으로 향함을 암시한다. 번개 모양은 의외로 많이 사용되고 있다.

(8) 소용돌이 모양

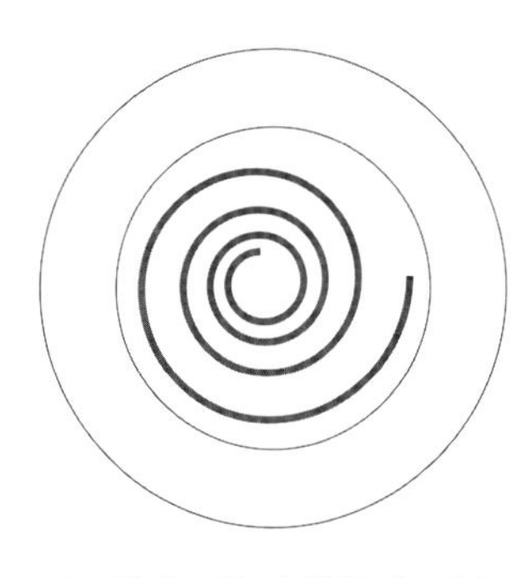

〈그림 2-73〉 소용돌이 모양

〈그림 2-74〉 소용돌이 모양 사례

흥미의 중심을 향해서 소용돌이를 말아가는 구도이다. 입체감과 불변의 움직임을 느낀다. 코믹한 이미지도 있어서 과자에 잘 어울린다. 예를 들면, 롤 시트에 잼을 발라 말고 슬라이스한 것, 접시의 가운데 디저트를 놓고 소스를 놓는 것 등의 모양이다.

(9) 바둑 모양(반복의 구성 원리를 적용함)

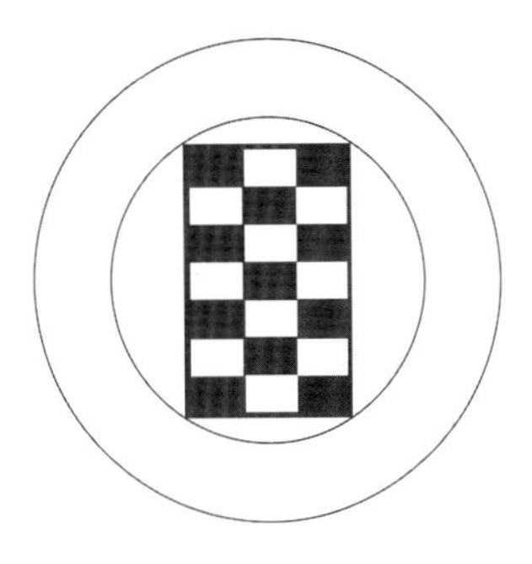

〈그림 2-75〉 바둑 모양

〈그림 2-76〉 바둑 모양 사례

빛과 그림자, 명암 등 대립되는 것을 규칙적으로 반복하는 것이 바둑 모양이다. 대립과 리듬의 구성, 날카로운 아름다움, 건설적이고 현대적인 이미지를 갖는다. 체스의 서양적 이미지, 바둑의 동양적 이미지, 어느 쪽도 표현이 가능하지만 부드러움과 유동감을 표현하는 데는 적합하지 않을 것이다.

(10) 물결 모양

〈그림 2-77〉 물결 모양

〈그림 2-78〉 물결 모양 사례

물에 돌을 던지면 몇 개의 동그라미가 퍼져나가는 것처럼 접시에 있어서도 물결 구성이 있다. 1개 중심에 포인트를 두고 동그란 접시의 끝을 향해 몇 개의 동그라미를 만들 수 있다. 소용돌이는 중심을 향해 가지만 물결 모양은 주변으로 천천히 펼쳐간다. 안정감, 조용한 움직임, 부드러움, 아름다움을 느낄 수 있다.

part.3

음식과 색채

1. 색채의 개념
2. 먼셀 색채계와 Hue & Ton 120 Color System
3. 색채 배색
4. 색채와 연상
5. 색채와 미각
6. 색채와 식기

part. 3

음식과 색채

1. 색채의 개념

색은 빛의 물리적 현상이며 우리의 눈이 받아들이는 지각현상 중 하나이다. 색을 규명하는 대표적인 방법으로는 빛에 따른 색으로 물리적 측면에서의 색을 들 수 있다. 우리가 보고 경험한 모든 사물들은 빛에 의해 반사, 투사, 굴절 등에 의하여 자극이 생기고 그 자극을 받아들여 우리 인간은 특정한 사물의 색을 지각하게 된다.

물리학적 색은 '빛' 이라고 하며, 빛은 인간이 지각할 수 있는 것으로 가시광선(可視光線, Visible Light)이라 한다. 따라서 색 자체가 빛에 의해 받아들여지는 지각 현상이라 할 수 있다.

색채는 이런 물리적 현상과 더불어 생리적이고 심리적인 현상에 의하여 성립되는 시감각이라 할 수 있다. 즉 물체의 색이 눈의 망막에 의해 지각됨과 동시에 생겨나는 느낌이나 연상, 상징 등을 함께 경험하는 것을 말한다.

물리학적 정의의 색은 빛이라고 하며, 빛은 우리의 인간이 지각할 수 있는 것으로 가시광선(可視光線, Visible, Light)이라고 부르고 있다. 이것은 색 자체가 바로 가시광선인 빛에 의해 받아들여지는 지각 현상이기 때문에 빛이 직접 또는 간접적으로 물체에 비춘 결과에 우리 눈의 반응과 느낌이라고 할 수 있다.

1) 빛(energy)

우리 감각 중 80%가 시각적인 것에 중점을 두고 있다. 빛은 시각 기관에 영향을 미치는 다양한 길이의 파장으로 우리에게 전달되는데, 모든 빛으로 인해 사물을 볼 수 있는 것이 아니라 굴절된 빛만 볼 수 있다. 빛의 종류에는 적외선, 자외선, 감마선, 우주의 빛으로 나눌 수 있는데, 이러한 빛의 종류는 일반적으로 인식하고 있는 프리즘에서 어느 정도로 굴절률을 가지는가로 쉽게 분류할 수 있다. 조형의 대상으로 되는 빛은 다분히 심리적인 요소에 의해 결정되는데, 빛의 강도나 방향에 따라 대상은 다르게 인지되는 특징을 지닌다.

따라서 동적인 느낌을 주는 것은 부드러운 빛에 의한 것이라면 역동적인 반짝이는 느낌, 부드러운 느낌은 은은하고 편안한 빛에 의해 그 느낌을 받을 수 있다. 빛이라는 부분은 상대적인 효과를 갖기도 하여 절대적으로는 역동적인 느낌을 받지 못하는 경우라 하더라도 상대적인 빛의 느낌이나 색에 의해 더욱 동적인 느낌을 갖게 하기도 한다.

〈그림 3-1〉 컬러 스팩트럼

2) 색의 일반적 분류

일반적으로 색을 분류할 때 색채를 느낄 수 없는 무채색과 색채를 느낄 수 있는 유채색으로 구분하여 사용하고 있다. 그러므로 무채색은 색의 개념에는 포함되지만 색채의 개념에서는 제외되고 있으며, 흔히 말하는 색은 유채색의 의미에 더 가깝다.

(1) 무채색

무채색은 우리가 말하는 색 중에서 색이 구별되는 성질인 색상을 갖지 않으며, 밝고 어두움만을 갖는 색을 말한다. 즉 흰색 · 회색 · 검정 등과 같은 색은 색상이 없다.

말 그대로 채도가 없는 색이며 순수한 흰색 → 회색 → 검정색처럼 채도가 없고 단지 밝고 어두운 정도의 차이만 생기는 색을 무채색이라 한다.

무채색의 온도감은 차지도 따뜻하지도 않은 중성색이다.

(2) 유채색

무채색을 제외한 모든 색이며 빨강 · 노랑 · 파랑 · 보라 등과 같이 색을 조금이라도 띄고 있으면 모두 유채색이다.

3) 색의 3속성

사람의 육안으로 구별할 수 있는 색은 이론적으로 약 200만 가지라고 한다.

200만 가지나 되는 많은 색을 분류할 수 있으려면 빨강이나 파랑이라든가 하는 색상만으로는 턱없이 부족하다. 그래서 수많은 색을 구분하기 위해서 사용하는 몇 가지의 기준이 있다. 우리가 색을 보고 그 색을 구별하는 기준을 세 가지로 볼 수 있다. 먼저 빛의 파장 그 자체, 색의 종류를 말하는 색상(Hue)과 밝고 어두운 정도를 나타내는 명도(Value) 그리고 색의 순수한 정도, 색상의 포함 정도를 나타내는 채도(Saturation)로 나눌 수 있다.

이러한 색상, 명도, 채도를 색의 3속성이라 한다.

(1) 색상(Hue : H)

색상은 태양 광선을 프리즘을 통해 분광시켰을 때 나타나는 무지개 형상의 빛을 말한다. 물리학적으로는 빛의 파장에 따라 구분된 색의 영역을 뜻한다. 우리는 스펙트럼에 구분된 색을 빨강(기호: R), 노랑(기호: Y), 초록(기호: G), 파랑(기호: B), 보라(기호: P) 등의 색상 표현으로 부르고 있지만, 이 각각의 색상 사이에는 무수히 많은 이름 없는 색들이 존재하고 있다. 스펙트럼으로 구분된 색은 장파장인 빨강에서 단파장인 보라까지 나열된다.

재미있게도 장파장인 빨강과 단파장인 보라는 심리적으로 근접한 색으로 여겨진다. 그래서 스펙트럼에서 전개된 빨간색과 보라색을 연결하여 색상환으로 만들어 이용하고 있다.

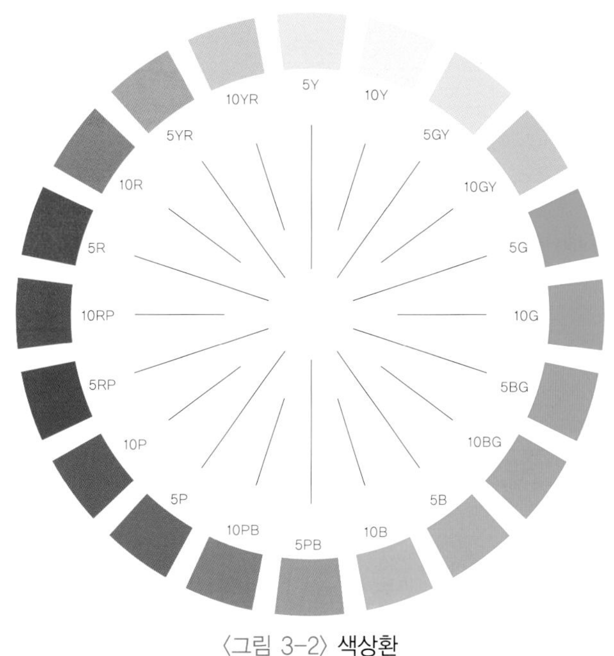

〈그림 3-2〉 색상환

명도와 채도와는 상관없이 우리가 느끼는 색의 성질과 특성은 매우 다양하다. 그러므로 색의 종별이나 색채를 구별하기 위한 기호나 명칭을 색상이라 하고 비슷한 색상을 순서대로 배열하여 둥근 원의 형태로 만들어 놓은 것을 색상환 또는 색환이라 한다. 또한 색상환에서 거리가 가까운 색은 유사색, 유사색계라 하며 색환에서 반대쪽(거리가 가장 먼) 색을 보색 또는 반대색이라 한다.

색상환은 기본 5색과 중간색상 5색상을 더한 10색상으로 구성되어 있지만, 더 세밀하게 색상을 표시하는 방법도 고안되어 있다. 1가지의 색상 기호에 1~10까지의 수치를 첨부해, 그림 3-4처럼 한 색상을 10분할하여, 각각의 색상의 중심 위치를 5로 한다. 색상에 첨부되는 수치는 정수 뿐 아니라 좀 더 세분화한 소수점을 사용해도 괜찮다.

예를 들어, 5R을 중심으로 하여 2.5R이면 그것보다도 보랏빛을 띤 빨강을 표시할 수 있다. 7.5면 노란빛의 빨강을 표시할 수 있는 상태이다.

(2) 명도(Value : V)

색의 3속성 중에서 가장 이해하기 쉬운 것이 명도이다. 명도는 색의 밝고 어두운 정도를 표현하는 것이다. 색을 눈으로 보기 위해서는 빛이 반드시 필요하다. 물체에 빛이 흡수되거나 반사되는 상태에 따라 그 물체의 색을 인지하게 되는 것이다. 물체가 들어오는 모든 빛을 흡수한다면 어떤 빛도 반사하지 않아 검정색으로 보이고, 반대로 들어오는 모

든 빛을 반사시킨다면 모든 빛이 합쳐진 흰색으로 보인다. 이처럼 빛을 반사하는 정도에 따라 밝고 어두운 색의 정도가 결정되며 이것이 바로 명도다.

가장 밝은 색(이상적인 흰색)과 가장 어두운 색(이상적인 검정색)과의 사이를 10단계로 나눠 지각적으로 동간격이 되도록 분할해서 배열한 색표에 10부터 0의 수치를 붙여 표시한다. 흰색부터 검정색까지 배열된 색표에서는 색상을 느낄 수 없기 때문에 '무채색' 이라 부르고, 색상을 가진 색은 '유채색' 으로 불러 구별한다. 모든 표면색의 명도는 흰색과 검정색 사이에 넣을 수 있고 400개 정도 명도의 단계를 생각할 수 있어, 그것은 충분히 분별할 수 있다고 한다.

밝기	고명도			중명도				저명도			
명도번호	10	9	8	7	6	5	4	3	2	1	0
무채색											

〈그림 3-3〉 명도단계

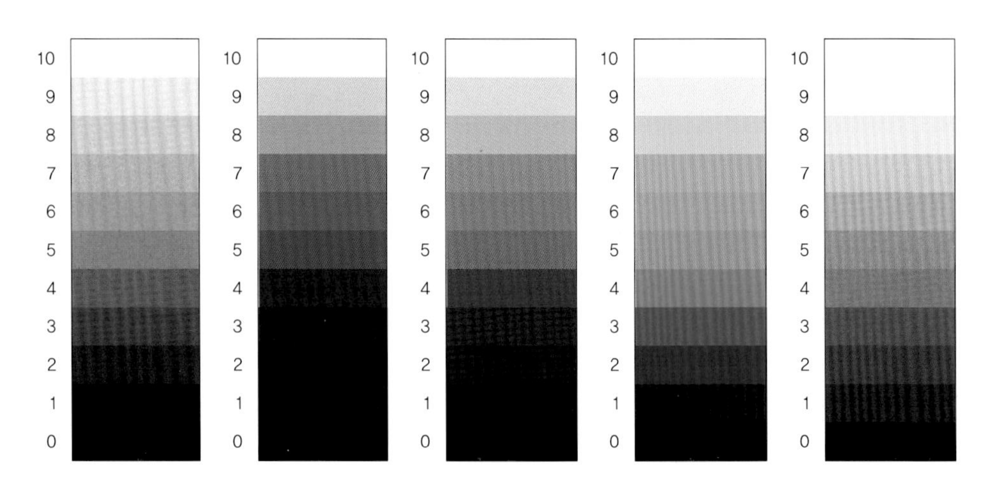

〈그림 3-4〉 무채색 명도단계 / 유채색 명도단계

일반적으로 흰색과 검정색 사이의 회색군을 밝은 순으로 나열하여 무채색 스케일이라 부르고, 유채색도 포함한 명도의 판정기준에 사용한다.

명도는 표면색의 밝기에 관한 성질에만 사용된다. 투과색(와인색)이나 광원색(네온사인이나 텔레비전의 색)은 색상처럼 조작 없이는 사용할 수 없다. 선글라스나 컬러슬라이드와 같은 색의 명암은 명도가 아닌 '농도' 라고 하며, 텔레비전처럼 빛을 발하는 색의 명암은 '휘도(輝度)' 라고 한다.

(3) 채도(Chrome : C)

색의 순수도(맑고 깨끗한 정도)이며 같은 색상이라도 '맑고 탁하고' 하는 색의 강 · 약을 정하는 성질을 채도라고 한다.

곧 색에 들어 있는 특정한 파장의 빛이 어느 정도로 반사되고 흡수되었는가를 나타내는 것이다. 예를 들어, 파랑색과 하늘색은 색상은 동일하지만 채도와 명도가 다르다. 파랑색은 채도가 높고 하늘색에 비해 명도는 낮다. 다시 말해서 어떤 물체가 파랑색을 띠게 되는 것은 파랑색 파장의 빛만을 반사하기 때문에 채도가 높은 순수한 파랑색으로 보인다. 이때 반사되는 빛의 양은 하늘색보다는 적어 명도는 하늘색보다 낮다. 물체가 하늘색을 띠는 것은 파랑색 파장의 빛과 다른 파장의 빛들도 함께 반사하여 하늘색으로 보이고, 이때는 전체 반사되는 빛의 양이 많아져 명도는 높아지지만 파랑색 파장 이외에 다른 파장들이 섞여 있으므로 채도는 낮아지는 것이다.

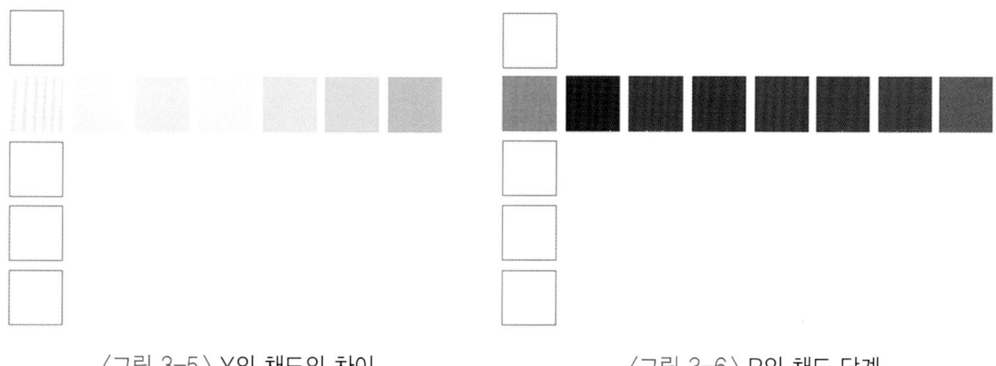

〈그림 3-5〉 Y의 채도의 차이　　〈그림 3-6〉 R의 채도 단계

2. 먼셀 색체계와 Hue&Tone 120 Color System

1) 먼셀 색체계

먼셀(Albert. H. Munsell, 1858~1918)은 미국 사람으로 화가이며 미술교육가이다. 먼셀은 모든 색채를 색상, 명도, 채도의 총합이라고 정의하였다. 이를 바탕으로 먼셀 색입체를 고안하였다. 먼셀의 색상환은 빨강(R), 노랑(Y), 초록(G), 파랑(B), 보라(P)의 5가지 기본 색과 주황(YR), 연두(GY), 청보라(PB), 붉은보라(RP)의 5가지 중간색을 더해서 10색상으로 구성되어 있다. 이러한 명도 단계는 순수한 검정을 0, 순수한 흰색을 10으로 보고 그 사이를 9단계로 구분하여 11단계로 이루어져 있다. 먼셀의 표색 기호는 색상의 번호와 기호를 가장 먼저 쓴 후 명도/채도 순서로 쓴다.

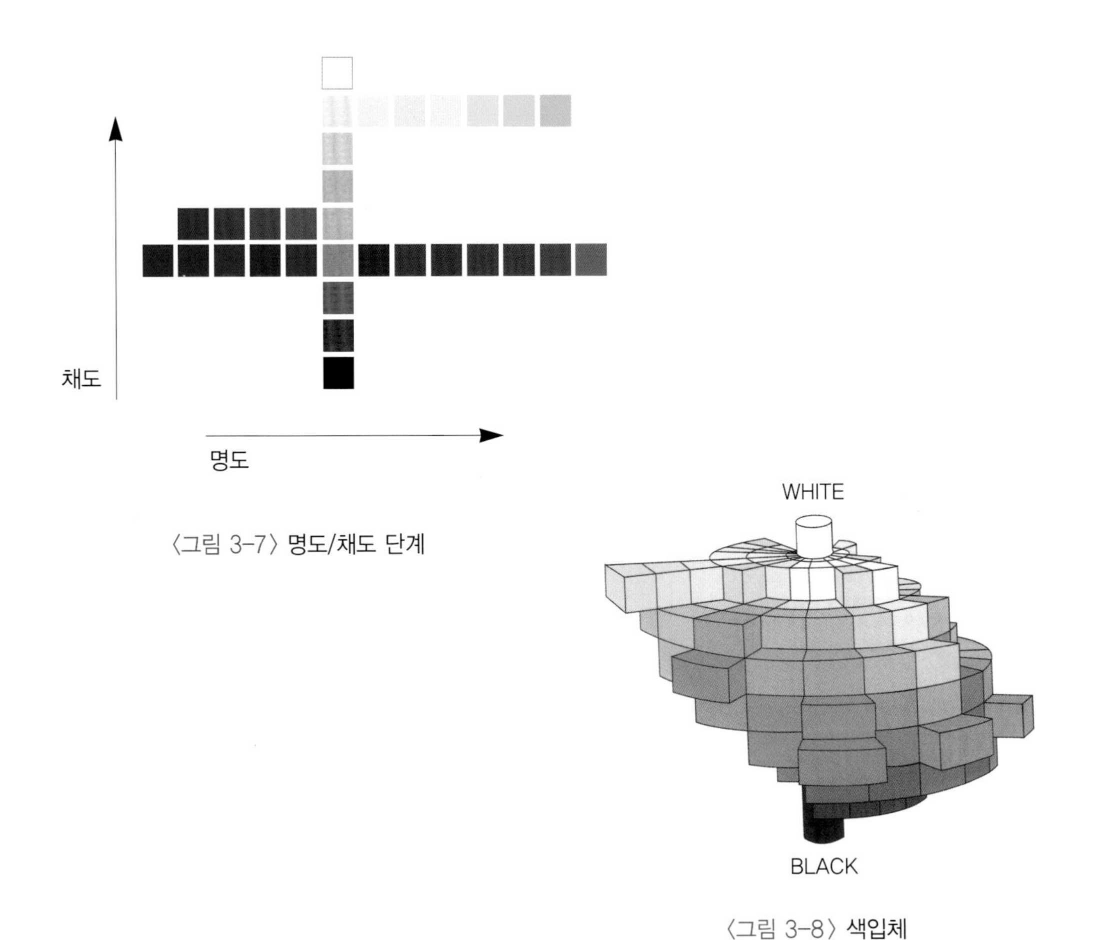

〈그림 3-7〉 명도/채도 단계

〈그림 3-8〉 색입체

2) Hue&Tone 120 Color System

먼셀의 단점을 보완한 색체계가 Hue&Tone120 System으로 우리나라 사람이 갖는 색조 판단 특징 등을 분석하여 새롭게 개발된 체계이다. 이는 한국적 감성의 특징을 접목시켜 독자적인 시스템으로 개발하였다.

이 체계는 Hue&Tone이라는 2개의 카테고리로 형성되어 있으며 사람들이 하나의 색을 볼 때 느끼는 인상에서의 공통점에서 착안하여 만들어진 기준이다.

예를 들어, 빨강 · 파랑 · 노란색은 '선명하다, 강렬하다' 라는 공통의 이미지가 있고, 파스텔 색은 '연하다' 또는 '부드럽다' 라는 이미지가 있는 것처럼 사람들이 느끼는 공통의 이미지를 말한다. 10가지 색상의 11단계 Tone으로 구성되어 110개 유채색과 10단계의 무채색으로 구성되어 있으며, 그 표기로는 다음과 같은 약자를 사용한다.

〈표 3-1〉 색상, 색조 약자 표기

색상 Hue			색조 Tone		
R-Red	YR-Yellow Red	Y-Yellow	V-Vivid	S-Strong	B-Bright
GY-Green Yellow	G-Green	BG-Blue Green	P-Pale	VP-Very Pale	Lgr-Light Grayish
B-Blue	PB-Purple Blue	P-Purple	L-Light	Gr-Grayish	Dl-Dull
RP-Red Purple			Dp-Deep	Dk-Dark	

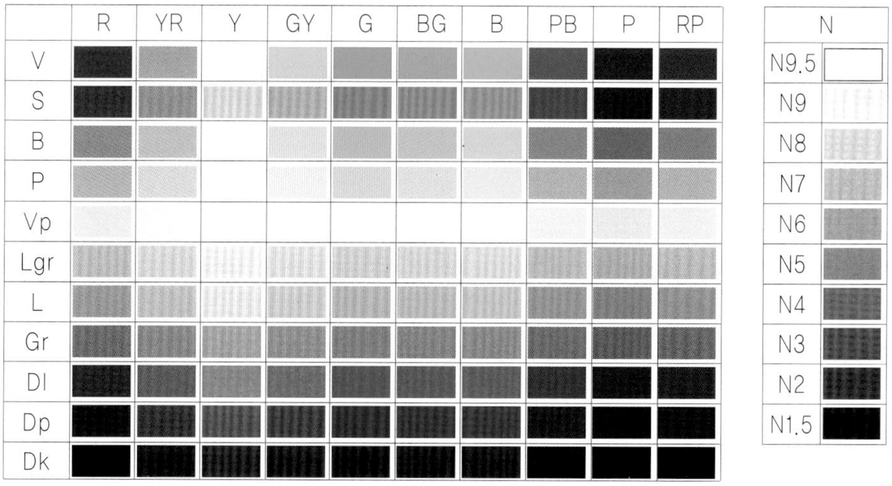

	R	YR	Y	GY	G	BG	B	PB	P	RP
V										
S										
B										
P										
Vp										
Lgr										
L										
Gr										
Dl										
Dp										
Dk										

N	
N9.5	
N9	
N8	
N7	
N6	
N5	
N4	
N3	
N2	
N1.5	

〈그림 3-9〉 Hue&Tone 120 Color System

3. 색채 배색

색채 배색이란 일반적으로 2가지 이상의 색을 조합시킬 때 일어나는 색의 조화와 효과를 배색이라고 한다. 배색을 평가하는 최상의 기준으로 색채 조화라는 개념이 정립되면서 색채 조화는 보편적인 원리와 법칙이 있을 것이라고 생각하여 그 법칙성을 밝히기 위하여 여러 가지 색채 조화의 연구가 있다. 이를 실제로 적용하고 있는 사례들은 환경 색채 디자인, 건축, 인테리어, 설비기구, 생활용품 등에서부터 포스터, 그래픽 디자인, 푸드스타일링, 테이블 코디네이션, 파티 플래닝 등 라이프 스타일 전반에 걸쳐 다양하다. 배색을 생각할 때는 대상에 수반되는 일정한 면적과 용도 등을 고려해야 하는데, 어떤 분야라도 배색의 구성 요소에는 공통된 법칙성이 존재한다. 이들은 주로 배색을 선정할 때 필요한 지식으로, 면적에 비례하는 경우가 많다.

사람들에게는 좋아하는 색과 싫어하는 색이 있다. 일반적으로 색채의 좋고 싫음을 얘기할 때는 단색인 경우보다 배색인 경우가 더 뚜렷한 성향을 나타낸다.

색채 조화란 두색 또는 다색에 질서를 부여하는 것, 통일과 대비, 질서와 변화, 색채 조화의 원리와 그에 근거한 조화를 얻기 위한 원리를 해설하는 것을 목적으로 한다.

1) 배색의 구성 요소

(1) 주조색(Dominant Color)

색채 조화를 생각할 경우 제일 먼저 표현하고 싶은 이미지의 중심이 되는 색을 선택하는 배색 전체의 주조가 되는 색을 의미한다. 일반적으로 배색의 대상이 되는 부분이자 가장 큰 면적을 차지하는 색으로, 바탕색이나 배경색으로 자주 사용되기 때문에 전체 색조 속에서 가장 무난한 색이 되는 경우가 많다.

(2) 보조색(Sub Color)

주조색에 이어 면적 비율이 크고 출현 빈도가 높은 색으로, 보통 주조색을 보조하는 역할을 담당한다. 이 경우 동일, 유사, 대비, 보색 등의 관계가 나타나게 된다.

(3) 강조색(Accent Color)

'강조하다', '눈에 띄게 하다', '돋보이게 하다'의 의미의 악센트(Accent)색 또는 강조색은 장식색이라고도 하는데, 차지하는 면적은 가장 작지만 배색 중에 제일 눈에 띄는 포인트 컬러로 전체 색조를 마무리 하거나 시선을 집중시키는 효과가 있다.

2) 배색 방법

(1) 정리된 느낌의 배색

① 동일 배색

〈그림 3-10〉 동일 배색

동일한 색상의 범위에서 명도와 채도를 달리하여 배색하는 방법이다. 맑은 톤(Pale tone)의 파랑과 연한 톤(Very pale tone)의 파랑을 배색하면 파랑의 동일색상 배색이 된다. 배색할 때 서로 비슷한 색조로 정리하면 정리된 느낌이며 색조의 차이를 크게 두면 강한 느낌이 난다. 동일색상 배색에서는 한 가지 색상만을 사용하므로 비교적 안정적인 느낌이 든다.

– 색상의 관계(동일색상)

같은 색상에 의한 다른 톤의 조합을 색상의 동일배합이라고 한다. 자연스러운 통일감과 완성감이 나온다.

– 톤의 관계(동일색조)

동일한 톤 내에서의 조합을 톤의 동일배합이라고 한다. 예를 들어, 담백하고 옅은 톤의 핑크계와 그린계열의 조합 등 동일한 톤에 의한 다른 색끼리의 배색을 말한다. 색깔의 차이보다도 톤에 의한 차분한 완성감이 전체의 인상이 되는 것이다.

② 유사 배색

〈그림 3-11〉 **유사 배색**

색상환에서 바로 옆에 있는 색상끼리 배색하는 방법이다. 빨강을 유사색상과 배색하려면 주황이나 자주와 함께 배색하면 된다. 유사색상끼리는 서로 공통되는 느낌을 가지고 있기 때문에 안정적인 느낌을 얻을 수 있다. 그러나 서로 이웃한 색의 차이가 너무 작을 경우에는 오히려 조화롭지 못한 배색이 되기도 하므로 주의해야 한다.

– 색상의 관계(유사색상)

색상환의 이웃하는 색과의 조합으로 예를 들면, 색상 R(빨강)과 YR(주황)이나 색상 R(빨강)과 RP(자주)와의 배색은 자연스러운 색의 변화로 차분한 완성감을 낸다.

– 톤과의 관계(유사색조)

톤도 이웃하는 위치 관계에 있는 조합으로 예를 들어, L(라이트 톤)과 Lgr(라이트 그레이쉬 톤)과의 배합 등 전체적으로 차분한 인상으로 정리된다.

(2) 강조된 느낌의 배색

① 반대 배색

〈그림 3-12〉 **반대 배색**

반대에 의한 배색으로 색상환에서 보색 관계에 있는 색으로 배색하는 방법이다. 이미지와의 차이가 큰 색상끼리 배색하는 것이므로 유사색상 배색보다 강한 느낌을 가진다. 빨강과 파랑의 배색, 노랑과 보라의 배색이 모두 여기에 속한다.

– 색상의 관계(반대색상)

보색을 사이에 두고 전후 총 5색상과의 조합, 예를 들어, 색상 R에 대해서 GY(황록), G(녹색), BG(청록), B(청색), PB(청자주)와의 배색은 변화에 풍부한 효과를 만들어 낸다.

– 톤의 관계(반대색조)

톤의 관계에서 멀리 떨어진 위치 관계에 있는 조합, 예를 들어, P(페일 톤)와 Dk(다크 톤) 또 Dgr(다크 그레이 톤)과 B(브라운 톤) 등의 배색은 대조적인 느낌이 든다.

– 보색

색상환에서 보색 관계에 있는 색으로 배색하는 방법이다. 색상환에 있어서 180도 위치 관계에 있는 조합이다. 예를 들어, 색상 R의 보색은 대립하는 BG(청록)의 배색들, 색깔의 대비감이 가장 심한 관계에 있고 강한 대비를 만들어 낸다. 명도나 채도의 관계를 살려서 고저가 있는 인상으로 완성된다.

(3) 그라데이션(농담)에 의한 배색

〈그림 3-13〉 그라데이션

서로 인접한 색으로 서서히 변화해 가는 경우 단계적으로 변화하는 것을 그라데이션이라 한다. 단계라는 의미이다. 여기서는 자연계의 색과 형태 모두에서 인정되는 방향성을 가진 규칙성 있는 단계를 가리킨다. 무지개로 대표되는 색상의 그라데이션이 있으며 명암, 농담을 겹친 톤의 그라데이션 등 서서히 규칙적으로 변화시켜 가는 배색이다. 차분하고 서정적인 이미지를 상품에 표현하는 데에 효과적이다.

예를 들면, 초록에서 연두, 주황, 빨강, 자주와 같이 점점 물들어가는 가을의 단풍, 자연계의 자연스러운 음영, 무지개색으로 보이는 색상의 서열, 염색의 선염법(渲染法) 등 모든 인간에게 보편성이 있는 배색미이다. 그라데이션에는 단계적인 순서성이 있기 때문에 자연적인 흐름과 리듬감이 생겨서 좋다. 이 방법은 색상, 명도, 채도, 톤의 모든 것에 적용된다.

(4) 세퍼레이션(분리)에 의한 배색

〈그림 3-14〉 세퍼레이션

분할과 분리라는 의미에서 복잡, 다양해진 혼란스런 배색을 정돈하고 애매한 배색을 명확하게 하는 방법이다. 그 말처럼 배색의 서로 인접한 부분으로 무성격색(無性格色)이라고 하는 검정과 흰색, 회색과 자연계의 모래, 흙, 나무 피부색(황변색) 혹은 광물색인 금색, 은색, 동색, 알루미늄색 등의 분할선을 삽입하면 짜임새 효과로 전체가 정돈되어 내용이 돋보일 수 있다. 대조적인 톤의 배색이나 명도차를 이용해서 명쾌함을 표현한다. 또 대비가 너무 강한 배색이나 반대로 서로 비슷해서 애매한 배색의 경우에 그 사이에 색을 끼움으로써 전체의 이미지를 확실히 나타내 주는 것도 세퍼레이션의 특징이다. 무채색은 특히 세퍼레이션 효과가 있는 색으로 자주 사용된다.

(5) 주조색과 강조색에 의한 배색

〈그림 3-15〉 주조색과 강조색에 의한 배색

배색을 할 때 베이스가 되는 색을 주조색이라고 한다. 거기에 반해 악센트를 주는 색을 강조색이라고 한다. 양자의 면적비는 약 7:3, 8:2, 9:1 등이 기분 좋은 색의 균형을 이룬다.

(6) 트리컬러(Tricolore)

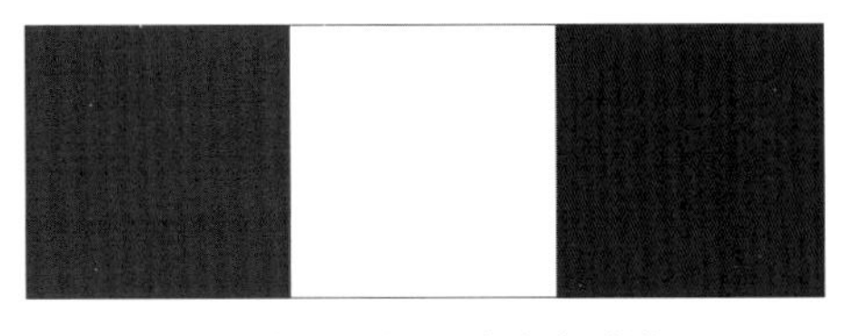

〈그림 3-16〉 트리컬러 배색

세 가지 색을 이용하여 긴장감을 주기 위한 배색으로 색상이나 톤의 명확한 대조가 요구된다. 프랑스 국기에서 볼 수 있는 적, 백, 청으로 3색 배색이 대표적이다. 트리컬러 배색에 의한 표현은 3색 색상이나 톤의 짜임에 명쾌한 콘트라스트가 표현된다.

(7) 톤인톤(Tone in Tone) 배색

〈그림 3-17〉 **톤인톤 배색**

톤인톤이란 톤을 겹치는 의미로 밝은 베이지와 어두운 브라운이 대표적인 예로써 가을 느낌을 나타내는 테이블 디자인에 많이 이용된다. 동일 색상을 원칙으로 하며 인접 또는 유사색상의 범위 내에서 선택한다.

4. 색채와 연상

1) 빨간색(Red)

빨강은 일반적으로 사람들이 가장 선호하는 색이며, 태양, 피, 불 등을 연상시킨다. 빨간색은 강하고 격렬한 매우 자극적인 색이다. 반항의 상징이며 정열과 사랑을 표현하는 색인 동시에 위험한 느낌을 주기도 한다. 빨간색은 신중함, 차분함과는 거리가 멀고, 강요의 이미지를 가지고 있다. 주로 사람을 흥분시키고 선동하는 효과를 위해 사용되며 그 때문에 빨간색을 보면 혁명과 전쟁을 떠올리기도 하고, 활동적인 운동 경기의 유니폼에도 빨간색을 많이 사용한다. 또한 다른 색보다 사람의 시선을 끄는 효과가 뛰어난 색이어서 여러 가지 픽토그램에 많이 사용되고 있다. 우리 나라에서는 오래 전부터 부적에 빨간색을 사용하는 등 신비롭고도 강한 힘을 가진 색으로 여겼다.

색채학자 파버 비렌(Faber Birren)*의 연구를 보면 가장 맛있게 보이는 색은 주황 계통의 색이며, 순색들 가운데서는 빨강이 가장 식욕을 돋우는 색이라 했다. 실제로 많은 패스트푸드점이나 음식점에서 주목성이 뛰어난 빨강을 주조색으로 사용하고 있다. 빨강은 감미롭고 달콤하며 잘 익었다는 느낌을 주지만, 어두운 빨강은 대체로 자주와 비슷하기 때

〈그림 3-18〉 레드 스타일링 1

〈그림 3-19〉 레드 스타일링 2

문에 식욕을 돋우지 못한다.

ex) 딸기, 체리, 서양자두, 수박, 대황, 나무딸기, 사과, 사탕무, 토마토, 적후추, 비트, 강낭콩, 육류, 해산물, 육류 가공식품 등

2) 분홍색(Pink)

분홍은 달콤한 맛을 강하게 느끼게 하는데, 특히 차를 마실 때 테이블 세팅 색상이 분홍이라면 차 맛이 달콤하게 느껴질 정도로 단맛을 느끼게 하는 강도가 강하다. 기분 전환을 하고 싶을 때에는 복숭아 빛깔의 허브티나 홍차가 좋다. 분홍 음식 재료들은 우리 신체의 생식기에 영향을 미치기 때문에, 중국 한의학에서는 임신한 여성이나 생식기 쪽에 문제가 있는 여성과 남성에게 빠지지 않고 복숭아 분말을 처방한다고 한다.

ex) 복숭아, 허브티, 홍차 등

〈그림 3-20〉 **핑크 스타일링 1**

〈그림 3-21〉 **핑크 스타일링 2**

3) 노란색(Yellow)

노랑은 태양의 색으로 태양의 금빛, 빛나는 생명력을 상징하는 색이다. 그것은 지성이 강화된 활력을 나타낸다. 그래서 노란 에너지를 많이 가진 사람은 새로운 아이디어를 찾는데 열성이고, 그것들을 다른 이들에게 전할 수 있다. 황금, 해바라기, 병아리, 개나리, 봄 등을 연상시킨다. 옛 중국에서 노란색은 황제의 색으로 일반인은 사용할 수 없었던 고귀한 색이었다. 밝고 빛나는 색으로 지능을 상징하는 반면, 귀여운 유아들의 색으로 느껴져 보호 본능을 일으키는 의존적인 이미지이기도 하다. 또한, 우리나라에서는 인색한 사람을 '노랭이' 라 하며, 서양에서도 비겁하고 사악한 사람을 '옐로 독(Yellow dog)' 으로 불러 노란색에 대한 부정적인 감정을 읽을 수 있다. 또한 노란색은 가장 밝은 색으로 눈에 잘 보이기 때문에 교통안전 표지판이나 각종 광고물의 색으로 많이 사용되며, 행복하고 명랑하며 긍정적인 견해를 가지고 열심히 일상에 임하는 것을 뜻한다. 금색과 노란 음식은 따뜻하고 즐거운 분위기를 내며, 신맛과 달콤한 맛을 동시에 느끼게 하여 식욕을 촉진시키며, 시각적으로 음식의 맛을 향상시키는 역할을 한다. 정신을 고양시키고 긍정적이고도 행복한 태도를 함양하고 좋은 유머감각을 북돋우는 데 도움이 된다. 또한 신경계를 고양하고 뇌에 영양을 공급함으로써 정신 기능을 고무시키고, 기억력을 증진시키는데 도움을 준다.

〈그림 3-22〉 옐로우 스타일링 1

〈그림 3-23〉 옐로우 스타일링 2

ex) 보리, 현미, 노란색 렌즈콩, 씨앗, 배, 바나나, 파인애플, 멜론, 그레이프 푸르트, 버터, 옥수수, 식물성 기름, 꿀, 유자 등

4) 주황색(Orange)

주황은 가장 채도가 높은 노랑과 빨강을 혼합하여 나타나며, 이 두 색의 중심점에 위치하고 있다. 달콤한 맛과 부드러운 맛을 강하게 느끼게 하며, 깊이가 있는 색으로 깊은 맛을 느끼게 한다. 특히 식욕을 돋우고 소화를 촉진하는 데 좋다. 주황 에너지가 풍부한 사람은 식욕이 왕성하고 소화력도 좋고 면역체계 역시 강하다. 복숭아 색과 산호색 같은 주황색조는 매우 현실적인 느낌을 주기도 한다.

ex) 오렌지, 망고, 파파야, 살구, 복숭아, 당근, 호박, 순무, 달걀 노른자, 생강, 귤, 감, 멍게, 미더덕 등

〈그림 3-24〉 오렌지 스타일링 1

〈그림 3-25〉 오렌지 스타일링 2

5) 녹색(Green)

녹색은 자연을 대신하는 색으로 숲, 잔디, 풋과일 등 자연을 대신하는 색이다. 일반적으로 평화와 안전, 중립을 상징하며 우리의 눈에 가장 편안함을 주는 색이다. 새순이 돋고 잎이 피어나는 시기에는 자연이 초록빛을 띠기 때문에 새로운 삶에 대한 희망을 느끼게 한다. 녹색은 자연에서 흔히 자주 볼 수 있는 친근한 컬러이지만, 의복이나 제품에서는 원색의 선명한 초록색을 찾아보기 힘들다. 이것은 자연이 아닌 인공물에 쓰이는 녹색을 자연스럽게 여기지 않는 경향 때문이다. 또 자연에서의 녹색은 생명과 성장의 이미지를 지니지만 사람의 경우에 빗대어 표현할 때는 미성숙하고 부족한 이미지로 쓰인다.

신선한 야채나 과일을 연상시키며 밝은 초록은 신선함 때문에 상큼한 맛을, 어두운 초록은 쓴맛을 느끼게 된다. 초록이 노랑과 배색되면 신맛이, 갈색과 배색되면 텁텁하고 쓴맛이 연상된다. 몸을 알칼리성으로 만들어 주는 기능을 가진 녹색 야채와 식물은 거대한 천연 섬유질의 원천이다. 녹색 음식은 체내의 혈압과 산 및 알칼리 수준에 뛰어난 효과를 발휘하며 부기를 가라앉히기 위해 초록 음식들을 먹을 때는 입으로만 먹는 것보다 눈으로도 먹어야 효과가 배가된다. 녹색 풀은 치유성을 가지고 있는 덕분에 수천 년 동안 사용되어 왔다.

ex) 부추, 청포도, 키위, 무화과, 레몬, 라임, 완두콩, 양상추, 브로콜리, 오크라, 샐러리, 오이, 양배추, 서양호박, 올리브유, 페퍼민트 등

〈그림 3-26〉 **그린 스타일링 1**

〈그림 3-27〉 **그린 스타일링 2**

6) 파란색(Blue)

파란색은 지구를 덮는 하늘의 색이며, 연상 이미지는 하늘, 바다, 차가움, 희망 등이다. 자연물에서 가장 보기 드문 색으로 인류 역사상 수천년 동안 원색으로 인식되지 못했으며 기원전 5000년경까지 파랑은 검정색의 일종으로 여겨졌으며, 행복과 희망을 나타냈다. 반면 비관적이고 우울한 기분을 암시하기도 한다. 침착하고 이지적인 냉정한 색이며 진리와 총명함을 상징하기도 한다. 노란색을 유아들의 색으로 여긴다면 반대로 파란색은 어른들이 좋아하는 색이다. 파란색은 많은 사람들에게 선호도가 매우 높은 색으로 기분을 차분하게 가라앉히며 의학적으로는 혈압을 낮추는 효과가 있다. 파란색은 전자제품을 생산하는 회사의 로고 등에 자주 적용되는데, 그 이유는 파란색이 신뢰감 있는 이미지와 미래지향적 이미지를 보여 주기 때문이다.

〈그림 3-28〉 블루 스타일링 1

〈그림 3-29〉 블루 스타일링 2

7) 보라색(Purple)

보라색의 연상 이미지는 불안, 질투, 예술, 광기 등을 의미한다. 보라색은 명상과 신비로움을 상징한다. 보라색은 고귀함을 상징해서 고대부터 국왕이나 교황만이 의복으로 입을 수 있는 색이었다. 자연에서 안료를 얻었던 때, 보라색의 원료는 달팽이였다. 이 안료는 매우 비쌌기 때문에 보라색은 귀하고 화려하며 기품 있는 색으로 상류층에서 인기를 얻었다. 보석 같은 액세서리에서도 보라색의 귀하고 신비로운 이미지를 접할 수 있으며 메이크업을 할 때도 보라는 인기 있는 색이다. 서로 반대의 느낌을 가진 파란색과 빨간색의 혼합으로 탄생한 보라색의 이미지는 고귀한 반면 광기어린 색으로, 화려한 반면 불행한 색으로 여겨진다. 또한 파란색의 남성성과 빨간색의 여성성이 합쳐진 보라색은 동성 연애자들을 상징하기도 하며, 신비롭고 독특한 느낌이 있지만 음식의 색으로는 포도나 블루베리같이 달콤한 맛이 연상되는 것이 아니라 쓴맛과 동시에 음식이 상한 느낌을 준다. 일상의 식생활에서 빨강, 갈색을 띤 식품에는 녹색 계통을 첨부하면 식욕을 촉진시킨다. 즉 토마토나 당근의 빨강은 녹색의 파슬리나 양상추에 의해 신선하게 보이는 효과가 있다.

ex) 포도, 가지, 서양자두, 붉은양파, 순무, 적채, 라디치오, 비트의 뿌리, 석류, 로제와인 등

〈그림 3-30〉 바이올렛 스타일링 1

〈그림 3-31〉 바이올렛 스타일링 2

8) 갈색(Brown)

갈색은 가을, 풍성함, 논, 커피, 갓 구운 빵 등을 연상시키며 주위에서 가장 편하고 쉽게 접할 수 있는 색이다. 과거의 갈색의 이미지는 쓴맛을 연상하였으나, 최근 식생활의 변화로 갈색은 이제 맛있는 색으로 연상한다. 맛있게 요리된 음식에서 자주 볼 수 있고, 우리의 식욕을 끄는 힘을 가졌다. 조리중인 음식이 갈색으로 변할 때쯤이면 "이 음식이 이제 맛있게 익어가는 구나"라고 시각적으로 느낄 수 있다. 갓 구워 갈색 빛이 도는 빵, 초콜릿, 맥주, 간장 소스들도 갈색을 띠고 있어서 사람들은 갈색 빛에서 음식의 이미지를 많이 떠올린다. 갈색은 부드럽고 고급스러운 컬러로 건강한 느낌도 준다. 갈색은 연륜과 안정감 그리고 풍요로움의 상징인 반면 자연에서 초록색 꽃나무가 봄, 여름을 지나 가을에 낙엽으로 지듯이 쇠퇴의 의미도 가지고 있다. 맛이 가장 강하며 향도 진한 색이다. 조리된 음식의 색으로 색이 진할수록 칼로리도 높고 맛도 진하다.

ex) 밤, 식빵, 감자, 초콜릿 등

〈그림 3-32〉 브라운 스타일링 1

〈그림 3-33〉 브라운 스타일링 2

9) 흰색(White) ○

흰색은 무채색으로 청결, 순수함, 평화 등을 연상시키는 색으로 그 자체는 특성이 없기 때문에 공허하고 영원한 느낌을 주기도 하며 숭고한 이미지를 가지고 있다. 선과 악, 또 밝음과 어둠에서 선과 밝음은 항상 흰색의 차지였으며 프랑스 국기(The Tricolor)의 흰색은 박애를 상징하는 색이었다. 반면 백치, 백수 같은 말처럼 무지와 무능함을 표현할 때 쓰이기도 하며, 백인 우월주의, 인종 차별적 의미도 함께 지니고 있다. 흰색은 자동차 색상으로도 사랑받는 색이기도 하다. 투명하면서도 햇빛을 잘 반사해 원기 왕성한 느낌을 줄 뿐만 아니라 흠집이 생겨도 오히려 눈에 잘 띄지 않기 때문에 자동차 색상으로 무난하게 쓰인다.

또한, 담백한 맛과 짠맛을 느끼게 한다. 흰색을 배경으로 음식을 담으면 음식의 색을 원색으로 반사시켜 식욕을 느끼게 만든다. 특히 흰색은 깨끗하고 위생적인 느낌을 주므로 붉은 계통의 색과 더불어 음식점의 실내 장식에 적합하다.

흰 식품 재료는 우리의 주요한 에너지원이며, 심신의 안정에 빠뜨릴 수 없는 식품 재료이다. 화이트의 식품은 모두 식품의 베이스가 되어, 심신을 함께 정화해, 자기 치유력을 높이는 효과가 있어 두부나 두유 같은 콩류 음식은 집중력과 학습 의욕을 높여주는 효과까지 있다.

ex) 두부, 두유, 컬리플라워, 무, 콩나물, 요구르트 등

〈그림 3-34〉 화이트 스타일링 1

〈그림 3-35〉 화이트 스타일링 2

10) 회색(Gray)

회색은 조용함, 무(無) 등을 연상시키는 색으로 자발성이 없는 무의미한 색으로 느껴진다. 회색의 이미지는 보통 우유부단하고 자기 주장이 없는 사람, 기회주의적인 사람을 떠올리게 한다. 자기 뜻을 분명하게 말하지 않고 이러지도 저러지도 않는 사람을 일컬어 '회색분자'라는 말을 사용하기도 한다. 그러나 조용히 존재하고 있는 회색은 어떤 색과 배색하더라도 분위기를 맞추어 가는 동조자의 역할을 하는 색이다. 상징적 의미가 뚜렷하지는 않지만 회색은 주로 무기력과 불안한 심리의 표현이 되기도 한다. 자극적이지도 않고 개성적이지도 않은 회색은 그래서 더 부담없는 색으로 여러 분야에 많이 사용되고 있다.

〈그림 3-36〉 그레이 스타일링 1

〈그림 3-37〉 그레이 스타일링 2

11) 검은색(Black)

검은색은 죽음, 밤, 어두움 등을 연상시킨다. 흰색과 반대의 이미지를 지닌 색으로 악의 표현, 어둠의 색으로 여겨지는 등 주로 부정적인 묘사에 쓰인다. 검은색은 불안과 공포를 내재한 색이며 은밀하고 폐쇄된 느낌을 주나, 검정은 의류의 색이며 가장 인기 있는 색으로 멋쟁이들이 선호한다. 검은색은 주로 젊은 층의 관심과 사랑을 받으며, 모던하고 도시적인 이미지와 어울린다. 제품에 적용된 검은색은 기능성과 대담함, 견고함 그리고 통일감을 표현한다.

고급스럽고 모던한 분위기를 연출하나 쓴맛과 부패한 느낌을 주며 음식의 맛을 제대로 느낄 수 없게 한다. 검정은 자연 상태에서 모든 빛을 흡수하는 색이다. 빛은 곧 에너지이기 때문에 모든 빛의 형태를 받아들인 동물이나 식물이 다른 색깔보다 인간에게 많은 도움을 준다. 삼국통일의 위업을 달성한 신라의 화랑들은 검정깨를 포함한 7가지 곡식을 수련 중에 즐겨 먹었을 정도로 검정 식품의 역사는 길다.

한방에서는 검은 식품을 다른 색의 식품보다 최고로 취급한다. 검정은 오행에서 물에 해당하며, 계절로는 겨울이고 방향으로 보자면 북쪽을 상징하여 신장과 방광의 기운과 연결된다. 따라서 검은 식품은 신장의 기운을 향상시킨다.

ex) 검은깨, 검은쌀, 수박씨, 다시마, 블랙올리브, 검은콩 등

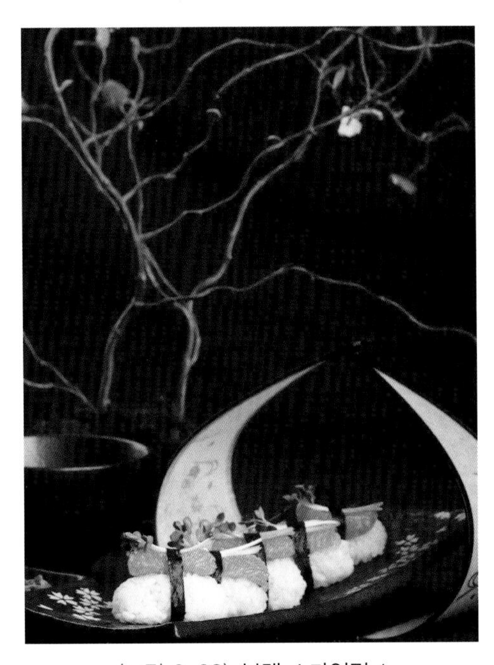

〈그림 3-38〉 블랙 스타일링 1

〈그림 3-39〉 블랙 스타일링 2

이렇듯 색은 색상에 따라 각각 독특한 색의 감정을 지닌다. 이것은 곧 인체의 뇌에 작용하여 연상 감정으로 연결되어 인간의 정신 작용을 일으킨다. 개인의 연령, 성별, 기후나 풍토와 같은 환경, 문화 수준, 종족성, 성격에 따라 연상 감정은 다르게 나타난다. 대부분의 사람들에게는 공통적으로 연상되어 인지되는 색이 있지만 주관적인 성향이 강하여 일반화하기 힘든 경우도 있다. 일반적으로 어린이들은 색을 구체적인 사물과 직접적으로 관련지어 연상하며, 나이가 들수록 경험과 사회, 문화, 정치적인 것 등 추상적인 것으로 연상의 범위를 확대시키는 경향을 보인다.

최근 들어, 색의 연상 감정을 이용하여 감성 마케팅에 이용하거나 외식 업체에서는 시각적 비주얼에 따른 느낌을 표현할 때 이용하기도 한다. 자신의 브랜드를 인지시키기 위해서 일괄적인 색들을 브랜드 로고(CI, BI)와 인테리어에 사용한다.

5. 색채와 미각

식품은 그 특유의 맛을 가지고 있으며 식품의 맛은 색, 향, 질감 등과 함께 식품의 기호적 가치에 밀접한 관련이 있다. 요리의 색에 대한 사람들의 반응은 매우 즉각적이고 민감하며, 나아가 식욕의 증진과 감퇴의 직접적인 원인이 되기도 한다. 순색 중에서 빨간색이 가장 식욕을 돋우는 색이며(빨간 사과, 빨간 딸기, 선홍빛 쇠고기 등), 주황색 쪽에 가까울수록 식욕은 더욱 자극되는 것으로 알려져 있다. 그러나 노란색 계통은 식욕을 감소시키며, 연두색에서는 현저히 감소한다. 하지만 대자연의 신선함이 있는 초록색이 되면 다시 식욕이 증가되는 반면, 파란색은 식욕 자극에 별다른 효과가 없는 것으로 나타났다. 잘 익은 고기나 빵 종류의 곡물을 연상시키는 고동색도 짙은 주황 계통으로 식욕 자극에 상승효과를 보인다.

1916년 헤닝*은 "단맛, 신맛, 짠맛, 매운맛을 4원미 또는 진미하고 이 4원미의 배합에 의해서 모든 맛이 구성된다."라고 했다. 분홍색은 요리에 사용하기 어려운 색이며, 파란색은 식욕을 돋우지는 못하지만 다른 요리들을 더 맛있어 보이게 해준다. 즉 파란색은 요리 그 자체의 색으로는 적합하지 않지만 요리의 배경색으로는 중요하다고 할 수 있다. 주방에서 요리를 만들어 접시에 담을 때 색채에 대한 감안을 한다면 좋은 요리를 고객에게 재공할 수 있을 것이다.

예를 들면, 주방에는 형광등을 켜고 일하지만 식당에는 붉은 백열등이 있어 요리가 다르게 보일 때가 있다. 그리고 테이블 탑의 요소 모두를 온통 난색 계열로 통일하면 오히려 식욕을 저하시키는 역효과를 낼 수도 있다. 빨강이나 주황, 노랑은 포인트로 아주 조금만 사용하여 강조할 때 가장 효과적이라고 할 수 있다. 소스의 색의 경우 갈색 소스가 진하면 맛이 진하게 느껴지고, 반대로 소스의 색이 엷으면 맛도 담백하게 느껴진다. 일반적으로 요리나 식품의 색은 짙을수록 맛도 진하게 느껴지는 경향이 있다. 예를 들면, 빨간 수박과 노란 수박을 비교해 보면 빨간 수박이 더 달고 맛있게 느껴진다. 이렇듯 색의 종류는 물론 색의 농도도 맛에 큰 영향을 줌으로, 요리사는 요리를 디자인할 때 염두에 두어야 한다.

빨간색의 잘 익은 사과와 푸른색의 덜 익은 사과를 비교해 보면 빨간색의 사과가 맛있게 느껴지는 경험은 누구나 한 번씩 해 본 경험이 있을 것이다. 이처럼 색채의 감정은 미각을 수반한다.

요리에 있어서는 맛이 생명이며 이러한 맛은 색에 의해 전달된다. 이렇게 미각 색을 구분해 사용할 필요가 있는 것은 맛은 과거의 체험에 의해 존재하고 있고 맛을 나타내는 색은 명확히 존재하고 있기 때문이다. 따라서 맛을 정확히 표현하면 성공을 거둘 수 있는 상품이 될 수 있다.

〈표 3-1〉 맛을 내는 색

단 맛	빨간색, 분홍색, 주황색
매운 맛	빨간색, 검은색
약간 매운 맛	빨간색, 자주색
신 맛	노란색, 녹황색, 연두색
쓴 맛	다갈색, 녹황색
짠 맛	청녹색, 회색, 흰색
상쾌한 맛	파란색, 흰색
부드러운 맛	흰빛의 색
단단한 맛	검은빛의 색

색은 그 자체만으로도 우리의 감각과 감성을 자극한다. 주변 환경의 색으로 인해 특별히 더 감성적이고 감정적으로 되기도 한다. 예를 들면, 길고 삭막한 겨울날 내리는 '하얀' 함박눈은 포근하면서도 신성한 느낌을 준다. 그리고, 긴 장마 후 다시 드러난 '파란' 하늘은 설레고 희망찬 기분을 주기도 한다.

또한, 2002년 월드컵에서 대한민국 대표 컬러가 되어버린 붉은색도 빼놓을 수 없다. '붉은 악마' 의 붉은색에 느껴지는 느낌은 정열적이고, 적극적인 느낌이 느껴진다.

색은 그 다양한 종류만큼이나 각기 다른 감각과 감성을 가지고 있다. 색에 대한 감성은 개개인의 경험과 소속된 집단에 따라 차이가 있지만 어느 정도 보편성을 갖고 있다. 쉬운 예로 우리는 대체로 붉은색은 불과 정열, 푸른색은 물과 차가움의 이미지로 받아들인다. 이와 같은 색의 이미지를 느끼는 것은 심리적인 현상이며 과거의 경험으로부터 재구성된다. 붉은색과 푸른색의 예처럼 모든 사람에게 공통된 이미지를 주는 컬러는 상징과 기호로 사용되기도 한다.

① 단맛

단맛은 빨간색, 분홍색을 사용하여 캔디나 젤리 등의 단맛과 달콤함을 느낄 수 있게 한다. 미각을 자극하는 맛의 이미지로 잘 익은 빨간 사과, 오렌지, 딸기 등의 과일을 연상시킨다.

주황은 식욕을 가장 자극하는 색으로 알려져 있다. 분홍은 아주 단맛보다는 달콤한 느낌을 더 가지고 있다. 일반적으로 단맛의 컬러 배색은 레드, 핑크, 오렌지, 옐로우 컬러 등의 배색으로 단맛을 표현한다.

② 짠맛

짠맛은 청록색, 회색, 흰색 등 차가움을 표현하는 한색 계열의 색과 흰색의 소금에서 연상되는 짠맛을 나타낸다. 짠맛하면 가장 먼저 소금을 떠올린다. 소금의 흰색이나 밝은 회색이 짠맛의 대표적인 색이다. 주로 바다에서 나는 해산물의 색은 초록 계통의 한 색인 경우가 많다. 일반적으로 짠맛의 컬러배색은 그린, 블루, 그레이 컬러 등의 배색으로 짠맛을 표현한다.

③ 신맛

신맛은 노란색, 연두색, 녹황색 등을 사용하는데, 레몬의 노란색과 매실의 연두색의 시트러스 계열의 과일 색에서 신맛을 느낄 수 있다. 보기만 해도 입안에 침이 고이게 하는 색으로서, 신맛을 대표하는 레몬이나 노랑이나 녹색이 주류를 이룬다. 과일의 덜 익은 색인 녹색은 신맛을 가장 많이 자극한다. 일반적으로 신맛의 컬러배색은 그린, 옐로우 그린, 옐로우 컬러 등의 배색으로 신맛을 표현한다.

④ 쓴맛

쓴맛은 올리브 그린색과 밤색을 사용하며, 풀을 연상하는 그린 계열의 색에서 쓴맛을 연상할 수 있다. 보편적으로 커피와 한약처럼 쓴맛의 대표적인 색은 짙은 갈색이나 검정으로 표현된다. 주로 어두운 계통의 색이 쓴맛을 상징하는데, 색의 농축된 이미지가 강하여 단맛이나 신맛이 너무 강할 때도 쓴맛을 느낀다. 일반적으로 쓴맛의 컬러 배색은 브라운, 올리브그린, 블랙 컬러 등의 배색으로 쓴맛을 표현하지만 최근 식문화의 변화로 브라운 컬러는 빵맛을 연상시키는 고소한 색으로 사용되는 경우가 많아지고 있다.

⑤ 매운맛

매운맛은 빨간색과 검은색을 사용하며, 고추와 칠리와 같은 붉은 색에서 매운 맛을 느끼게 된다. 매운맛 하면 고추장을 떠올리게 되는데 빨강과 검정이 대표적인 색이다. 고추와 칠리 같은 붉은색에서 매운맛을 느끼게 된다.

식품의 미각적 이미지를 향상시키기 위해 직접 식품에 색을 이용하여 식욕이나 식품의 구매욕으로 연결되도록 영향을 주는 색의 기능을 푸드 스타일링 또는 식품산업이나 외식 산업의 색채 계획에 활용할 수 있다. 맛의 배색은 색채의 공감각 가운데 미각과 관련된 부분이며, 이는 문화와 환경에 따라 달라질 수 있는 부분임을 염두에 두어야 한다.

또한 음식 본래의 색이 제대로 보이도록 식사 공간, 테이블 클로스, 식기 등의 색과 빛의 밝기 상태를 고려한다. 또한 모든 음식과 식재료가 그 고유의 색으로만 보이는 것이 아니라는 점도 염두에 두어야 한다.

6. 색채와 식기

일본의 미식가로써 자신이 만든 그릇에 요리를 담고 독창적인 경지를 연 기타오지노산진의 말에 의하면, "식기는 요리의 옷(의상)이다."라고 했다. 위와 같이 식탁의 분위기는 그릇과 요리와의 조화를 중요하게 하고 4계절 마다 요리와 그릇과의 색채적인 조화를 생각해야 한다. 음식을 맛있게 먹기 위해서는 색채 관점에서 볼 때, 요리 그 자체의 맛, 담는 방법, 요리와 그릇의 조화, 테이블세팅, 식당전체의 색채 배색 등의 요소들이 서로 관계되어 진다.

그릇에는 그릇마다 각각 가지고 있는 분위기가 있다. 만질수록 따뜻함이 전해지는 것, 투명한 듯한 질감의 그릇, 화려함을 식탁에 더해주는 것 등 여러 가지이다. 요리에 맞는 그릇을 선택해서 색과 형태에 어울리는 음식담기가 중요하다. 둥근 그릇 뿐이거나 난색의 그릇만이 되지 않도록 신경 써야 한다. 예를 들어, 그릇에 3종류의 요리를 담을 때 따뜻한 색이 식욕을 돋운다고 해서 3종류 모두 난색계 뿐이라면 난색이 약하게 느껴진다. 이때 중간색을 합치면 난색이 눈에 띈다. 또한 한색이나 녹색의 나뭇잎이나 꽃잎을 더하면 그 위에 색채적 효과가 더 나타난다.

그릇과 요리의 관계도 똑같다. 한색의 그릇에 한색의 요리를 담거나, 난색 그릇에 난색의 요리를 담아서는 요리가 눈에 띄지 않는다. 난색 1종류에 한색 2종으로 하면 요리도 그릇도 눈에 띈다. 즉 한색과 난색을 적절히 섞어서 표현을 해 주어야 그릇과 요리가 동시에 돋보일 수 있다. 요리에 계절감을 부여하는 중요 요소는 요리의 온도, 그릇의 색채, 질감, 그릇의 형태이다. 겨울의 손님대접에는 따뜻한 색을 쓰며 한 가지 뜨거운 요리를 준비하여 도기를 중심으로 자기를 적게 쓰고 주기는 풍부한 느낌의 색그림이 있는 것으로 쓰는 등 그릇과 상차림의 계절감을 잘 표현하는 것은 요리와 그릇의 색채조화에 따른다. 각 재료의 고유한 색과 그릇의 색이 조화되어야 사람의 눈을 즐겁게 하고 식욕을 불러일으킨다. 이때 식욕을 돋울 수 있도록 음식과 식기의 조화를 잘 맞추어 전체적인 분위기가 주제에 맞도록 배색한다.

백의 민족인 우리나라 사람들이 가장 좋아하는 색은 여러 의견이 분분하나 예로부터 '흰색' 또는 '무채색'을 즐겼던 것은 사실이다. 그 한 예로 16세기 이후 다른 나라에선 여러 가지 유채색으로 장식한 도자기들이 발달했는데도 불구하고 우리나라 조선시대는 유채색의 도자기가 전혀 만들어지지 않았다. 조선 초기의 분청사기가 자취를 감춘 이후는 유독 백자를 중심으로 무늬 없는 순청자나 청화백자, 철화 백자 등의 백자 중심의 도자기가 만들어졌다.

도자기의 흰색은 흰색이라고 해도 도자기의 소성방법, 유약의 성분, 소지의 성분에 따라 그 색상이 다르며 같은 백토로 빚어 투명유약을 입히면 온도의 차이에 따라 백색의 도기, 석기, 자기로 불리는데 각각 백색의 색상에 차이가 있음은 물론이고 자기 질의 흰색은 환원소성으로 구워진 것은 차가운 청색기가 도는 흰색이며, 산소를 충분히 공급하여 소성한 산화소성에 의한 것은 연한 베이지색에서 연질의 크림색까지, 언어로는 그 색채를 확실하게 구분하기 어려울 정도이다.

각 지역의 흙과 전통적인 소성방법에 따라 그 지역 고유의 도자기 색채를 갖고 있다.

일본의 유명한 요리 전문가인 츠치도메의 식기에 적합한 색채에 대한 설명을 인용해 본다. "너무나 화려한 그림이 그려진 그릇은 수수한 색채의 음식을 담으면 요리가 크게 뒤지게 되고, 반면에 화려한 요리를 담으면 그릇의 그림과 요리가 승부를 겨루는 듯하여 식욕을 잃게 만든다."고 하였다. 이 말뜻은 과장되게 장식된 그릇보다 수수하고 자연스러운 그릇이 식욕을 도와준다는 의미라고 본다.

맛의 마무리는 식기의 색으로 미각을 좌우하는 것은 매우 중요한 사실이다. 그만큼 요리는 식기의 종류와 색에 따라 요리의 맛이 좌우되는 현상을 후광효과(Halo effect)라고 한다. 이는 사람이나 사물의 어떤 특징에 대해서 좋거나 나쁜 인상을 받으며 그 사람이나 사물의 다른 모든 특징에 대해서도 편승하여 높거나 낮게 평가되는 것을 '후광효과' 또는 '배경효과' 라고 한다.

* 파버 비렌(Faber Birren)

색채학자로 「색채심리」 저자. 국내 번역서 「색채심리」, 김화중 번역, 동국출판사(1985).
"나는 소리를 들으면서 보는 것 같다. 그렇지만 보는 것과 듣는 것이 하나로 합쳐진 느낌이다. 나는 내가 보는 것인지 듣는 것인지 구별할 수가 없다. 나는 느끼고 맛보고 냄새 맡고 듣지만 그건 하나로 합쳐진 느낌일 뿐이다. 나는 자신이 바로 소리이다."

— 「색채심리」 中에서

* 식품학자 헤닝(Henning)의 맛의 분류

헤닝은 4가지 맛(단맛, 짠맛, 신맛, 쓴맛)이 맛의 정사면체를 형성하고, 모든 맛은 정사면체의 어느 한 공간에서 한 점으로 나타낼 수 있다고 함. 4가지 맛 외에도 매운맛, 맛난맛, 떫은맛, 알칼리맛, 금속맛, 아린맛 등이 있다.

part.4

푸드 스타일링의 구도

1. 구도의 정의

2. 구도의 종류

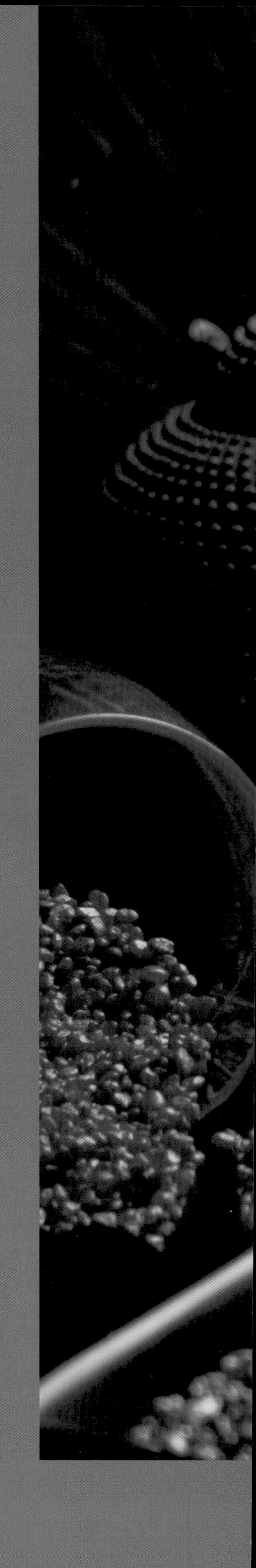

part. 4 푸드 스타일링의 구도

푸드 스타일링을 진행하는 데에 있어 화면 안에 나누어지는 면 분할은 본인이 표현하고자 하는 작품의 의도와 형태를 얼마나 명확하게 드러나게 할 수 있는지를 좌우하는 가장 중요한 요소이다. 스타일리스트의 의도를 최대로 표현하기 위해서는 면을 분할하고, 프레임 안의 요소를 배치하고, 배열하는 것을 신중히 해야 한다.

스타일링시에 테마가 주어졌다고 가정할 때 스타일, 컬러 결정 후에는 요소를 최대한 돋보이게 하는 구도를 선택해야 한다. 구도에 따라서 프레임 안에 음식의 어떠한 부분을 보여 줄지의 주제가 선명해진다.

스타일리스트는 주제와 배경, 전체적인 통일감을 고려하여 스타일링 해야 한다.

1. 구도의 정의

영어, 프랑스어로는 컴퍼지션(Composition)이라고 하며, 구도, 배치 등을 의미한다. 넓은 의미로는 화면 전체의 짜임새를 말하며 좁은 의미로는 인물, 정물, 풍경을 화면에 배치하고 구성하는 것을 뜻한다. 즉 화면 위에 존재하는 짜임을 얘기한다.

1) 구도의 3요소 – 변화, 통일, 균형

변화는 성질과 느낌이 서로 다른 요소와 조건 등의 배치에 의해서 생기는 화면의 조화를 말한다. 통일은 여러 가지 요소, 소재, 조건을 선택하고 간추려서 일체감을 갖게 한다. 변화와 통일은 서로 상반된 개념이지만, 한 화면 속에 서로 적절히 조화를 이루어 균형을 이루었을 때 좋은 구도가 된다. 화면을 짜임새 있고 조화롭게 구성하려면 강조와 보조가 있어야 하고 변화, 통일, 균형에 유의하여야 한다.

2) 화면을 구성할 때 유의할 점

- 주제와 부주제를 나눈다. 부주제는 주제를 돋보이기 위한 장치이므로 주제보다 더 강하게 표현하는 것은 피한다.
- 사각 프레임 안에서 더욱 많은 공간감을 표현하고자 하면 주제를 부각시키고, 배경의 스타일링을 약하게 해야 한다.
- 물체를 대칭으로 배치하거나 크기가 비슷한 대상을 일직선상에 늘어놓는 것은 단조로운 느낌이 들고, 공간 활용에 변화가 없어 좋지 않다.
- 배경을 처리할 때는 주제가 되는 물체를 돋보이게 하면서 전체적인 통일감을 줄 수 있게 유의해 사용하여야 한다.
- 화면의 상 · 하, 혹은 좌 · 우를 2등분이 되게 나누는 것은 대립되는 느낌이 들어 답답하므로, 넓은 면과 좁은 면의 비율을 살려서 변화를 준다.
- 물체를 지나치게 많이 배치하여 복잡한 느낌이나 산만한 느낌이 들지 않도록 유의한다.
- 접시 위에 올라가는 재료는 장식용 재료라 할지라도 먹을 수 없는 재료는 배제한다.
- 프레임 안에서의 구도와 그릇 안에서의 구도가 보여주고자 하는 본질인 요리에 영향을 주어서는 안 된다.
- 요리가 화려하면 접시의 문양과 색상은 단순화한다.
- 요리가 차지하는 비율이 접시의 80%를 넘지 않게 한다.
- 빛의 방향에 따라 나타나는 그림자를 생각하여 구성하고, 대상물의 질감을 잘 관찰하여 배치한다.
- 중심이 되는 주제를 적당한 위치에 배치하고 부수적인 것(부주제)을 전체적인 조화를 생각하면서 배치한다.

- 대상을 효과적으로 나타내기 위해서는 색의 배합이나 구도 들을 대담하게 표현하고, 그 대상의 특징과 전체의 조화를 고려하면서 개성적으로 표현하는 것이 중요하다.
- 프레임에서 한쪽으로 무게감이나 물건들이 치우치지 않아야 한다.

2. 구도의 종류

구도에 일정한 방식이 있는 것은 아니다. 스타일리스트는 항상 새로운 구도의 창조가 필요하다. 본 장에서는 다른 이의 작품을 보거나 새로운 작품을 창작하기 위해서 참고가 될 수 있는 몇 가지의 기본 형태를 들어 본다. 구도는 크게 정적인 느낌을 주는 구도와 동적인 느낌을 주는 구조로 나누어 볼 수 있다.

1) 정적인 구도

① 수평선 구도

수평선이 주가 된 구도로, 안정감과 함께 넓은 느낌을 준다.

〈그림 4-1〉 **수평선 구도 1**

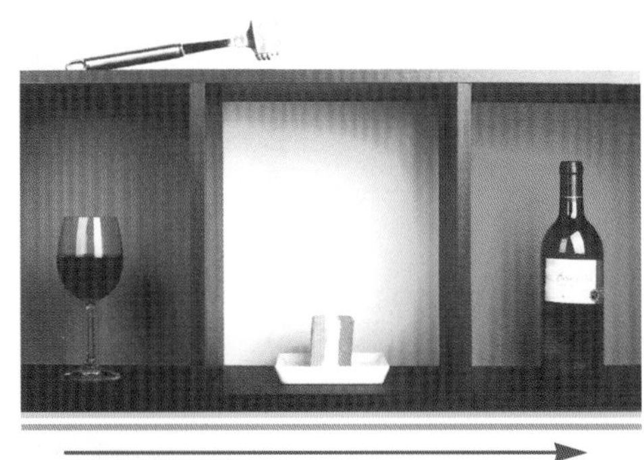

〈그림 4-2〉 **수평선 구도 2**

② 수직선 구도

수직선이 주가 된 구도로, 안정감과 듬직함을 준다.

〈그림 4-3〉 **수직선 구도 1**

〈그림 4-4〉 **수직선 구도 2**

③ 삼각형 구도

통일감이 강한 구도로, 듬직하고 안정감을 준다. 구도에서 중심이 되는 것(물체)을 꼭지점쪽으로 가져올수록 동적인 구도가 되는데, 고전적인 방법으로 많이 쓰여왔다.(피라미드형 구도라고도 한다)

〈그림 4-5〉 **삼각형 구도 1**

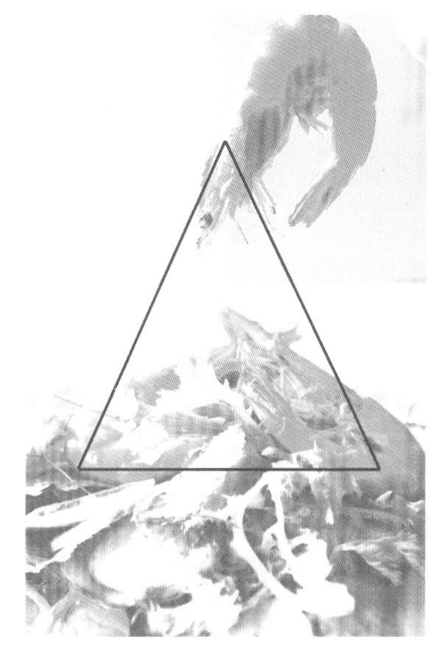

〈그림 4-6〉 **삼각형 구도 2**

④ 대각선 구도

강한 원근감과 집중감을 준다. 통일된 느낌도 강하나 투시도법의 설명도처럼 되기 쉬우므로, 알맞게 변화를 주어야 한다.

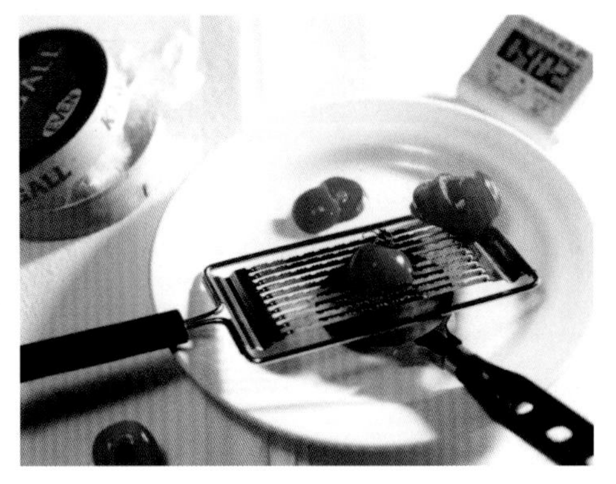

〈그림 4-7〉 **대각선 구도 1**

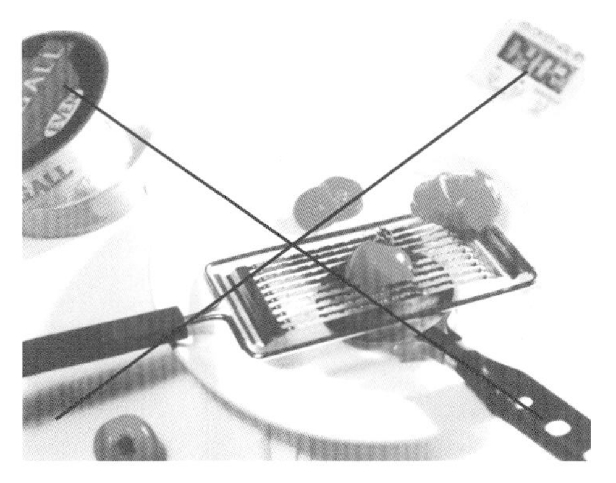

〈그림 4-8〉 **대각선 구도 2**

⑤ 마름모 구도

사선으로 구성된 짜임이기 때문에 변화가 있고, 갖춤이 좋아 균형미가 느껴지며, 비교적 안정감이 있는 구도이다.

〈그림 4-9〉 **마름모 구도 1**

〈그림 4-10〉 **마름모 구도 2**

⑥ 원형 구도

정물화 등에 흔히 쓰이는 구도이며, 짜임새는 좋으나 구심력이 약할 경우가 많다. 평면적이고 장식적인 효과를 노리는 표현에 많이 이용된다.

〈그림 4-11〉 **원형 구도 1**

〈그림 4-12〉 **원형 구도 2**

2) 동적인 구도

① 사선 구도

기울어진 사선이 주가 된 구도로, 움직임 · 속도감 · 방향감 등을 주며 공간적 깊이를 나타낼 수도 있다.

〈그림 4-13〉 **사선 구도 1**

〈그림 4-14〉 **사선 구도 2**

② 호선 구도

강한 움직임을 주며, 도로 · 하천 · 해안선 등을 표현한 그림에서는 강한 원근감을 준다.

〈그림 4-15〉 **호선 구도 1**

〈그림 4-16〉 **호선 구도 2**

③ 역삼각형 구도

움직임, 상승감, 변화, 불안정감 등의 느낌을 준다. 잘못하면 통일감을 잃을 수 있다.

〈그림 4-17〉 **역삼각형 구도 1**

〈그림 4-18〉 **역삼각형 구도 2**

④ 복합 구도

수평, 수직 구도, 삼각형, 수직 구도 등과 같이 몇 개의 구도가 겹쳐 이룬 구도로, 종류도 다양하며 그 느낌과 효과 역시 다양하다.

〈그림 4-19〉 **복합 구도 1**

〈그림 4-20〉 **복합 구도 2**

3) 투시도에 따른 변화

풍경 사진이나 인물 사진에서는 공간감이 중요하게 표현된다. 음식을 촬영하는 데에 있어서도 공간감을 나타내기 위한 형태를 포착하는데 선 원근법이 중요하다.

선 원근법을 적용하여 물체의 크기가 최소가 되는 소실점을 가정하고, 그 점에서 앞면까지 연장선을 그어 보면 원근감 있는 구도를 얻을 수 있고, 그에 따른 여러 형태와 바닥 공간을 응용하여 자연스러운 투시도를 음식 사진에 활용할 수 있다.

〈표 4-1〉 구도의 종류

구도의 종류	
정적인 구도	동적인 구도
수평선 구도: 넓은 느낌, 고요함, 안정감	사선 구도: 운동감, 속도감, 방향감, 불안정함, 공간적 깊이감
수직선 구도: 엄숙, 긴장감, 상승감, 장엄함, 높이감, 하강감	호선 구도: 부드러운 운동감, 공간감, 움직임, 원근감
삼각형 구도: 안정감, 통일감, 고전적 방법	전광형 구도: 불안정, 원근감, 운동감, 넓이감
대각선 구도: 원근감, 집중감	역삼각형 구도: 불안정, 움직임, 상승감, 변화, 펼쳐 나가는 느낌
마름모형 구도: 변화, 통일감	복합 구도 : 의도에 따라 다양한 느낌
원형 구도: 원만함, 통일감	

〈그림 4-21〉 투시에 따른 변화 사례 1

〈그림 4-22〉 투시에 따른 변화 사례 2

4) 황금분할법칙

주어진 공간을 조형적으로 가장 쾌적하게 나눌 수 있는 분할점에 관한 연구가 로마 시대에 비트루비우스라는 건축가*에 의해 연구되었는데, 이를 음식 사진에 응용하면 많은 도움이 된다.

황금비는 프레임 자체에도 이미 있는데, 가로와 세로의 비례가 바로 그것이다. 프레임에 높이가 있는 물건을 배치할 때, 만일 중앙에 배치하게 되면 대칭적이면서 엄숙미나 장엄미를 내포하게 되나 변화가 없는 상태를 초래하게 된다. 반면 물체를 그림의 한쪽으로 편중시키면 변화의 느낌이 극단적으로 강조되어 좋은 음식 사진이 될 수 없다. 프레임에 치우치지 않은 위치에 주제를 배치하는 것이 자연스러운 것이며, 황금비에 대한 알맞은 적용이다.

프레임을 가로로 3등분 했을 때 세로로 2줄이 나온다. 그 줄에 오른쪽 줄이 주제의 중심부가 되는 것이다. 부주제는 알맞게 삼각구도에 의해서 배치를 한다. 이를 응용하여 S자의 구도를 잡는 방법을 살펴보면, 주제는 같은 방법에 의해 화면의 1/3 크기로 왼편이나 오른편에 잡는다. 그 반대편에 부주제를 잡고, 그 아래에 현혹을 잡는다. 그 세 개를 파, 글라스, 천의 주름 등 좀 길쭉한 것들로 적당히 연결하여 S자 구도를 형성한다. 그림으로써 변화도 있고, 통일감도 있고, 균형 있는 구도가 된다.

〈그림 4-23〉 황금분할법칙 사례 1

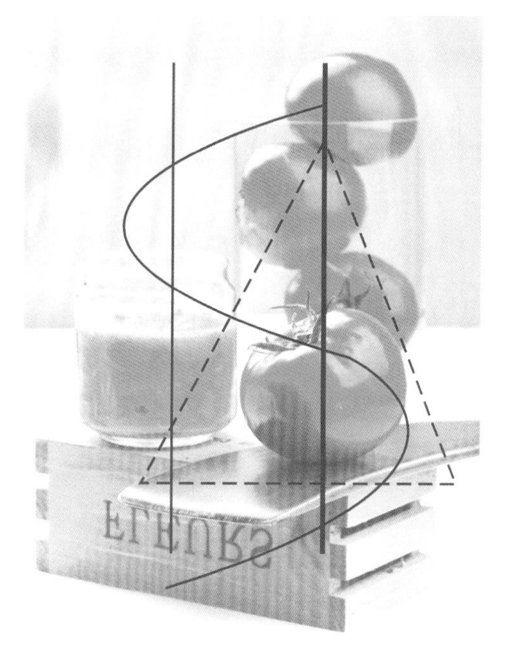

〈그림 4-24〉 황금분할법칙 사례 2

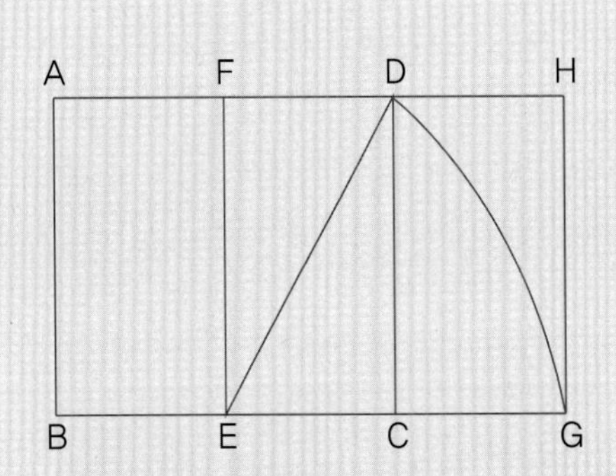

* **황금분할의 기본 도법**

– 정사각형 ABCD의 네 개의 점. 즉 정사각형의 밑변 BC 사이에 중심점 E를 두고 ED를 반지름으로 한 정원을 그릴 때 BC의 연장점과 교차되는 점을 G점이라고 하면 AB:BG는 황금비가 된다.

5) 눈높이에 의한 상호 관계

촬영을 해야 할 대상의 시점을 잃어버리는 경우가 종종 있다. 눈의 시점은 크게 위에서 본 것(90도), 눈높이에서 본 것(45도), 눈높이 아래에서 본 것(0도), 세 가지로 나눌 수 있는데, 일반적인 촬영에서의 눈높이는 위에서 바라보는 시점이 대부분이다.

위에서 내려다 본 시점일 때는 바닥 면이 많이 보이게 됨으로 물체와 물체 간의 바닥과 공간 처리가 중요하다. 물체들의 배열은 나열식보다 포개짐이나 걸쳐지는 구도가 좋다.

이와 마찬가지로 시점이 눈높이와 비슷한 경우에도 물체 간의 겹침으로써 앞뒤와 원근의 공간감을 잘 살리는 것이 필수적이다.

시점을 아래에서 올려다 볼 때는 물체의 그림자 처리에 유의해야 한다. 빛은 보통 위에서 아래 방향이기 때문에 물체의 밑면에 그림자가 드리워져 많은 어둠이 있게 되므로 명암 관계를 잘 생각해서 배치해야 한다.

0˚

〈그림 4-25〉
눈높이에 따른 변화 사례 1 (0도)

45˚

〈그림 4-26〉
눈높이에 따른 변화 사례 2 (45도)

90˚

〈그림 4-27〉
눈높이에 따른 변화 사례 3 (90도)

0˚

〈그림 4-28〉
눈높이에 따른 변화 사례 4 (0도)

45˚

〈그림 4-29〉
눈높이에 따른 변화 사례 5 (45도)

90˚

〈그림 4-30〉
눈높이에 따른 변화 사례 6 (90도)

6) 물체의 종류에 따른 변화

촬영의 대상은 실로 무궁무진하여 헤아릴 수 없을 만큼 많으나 모양, 크기, 면적, 길이에 따라 몇 가지 유형으로 분류하여 볼 수 있으며, 그 유형에 따라 화면에서의 구성을 가늠하여 볼 수 있다.

사진을 구성하는 각 부분별 물체들을 나누어 보면 주제 물체, 주제군의 보조 물체, 주제군을 뒷받쳐 주는 물체, 뒷배경의 물체 등이 있다.

주제 부분에 올 수 있는 물체는 성격이 분명한 물체로 높이와 면적이 적당하여 촬영하였을 때 시선을 끌 수 있는 물체여야 한다. 주제군의 보조 물체는 구형 또는 구형과 길이를 동시에 갖고 있는 물체, 낮은 높이의 물체가 좋다. 주제군을 받쳐주는 물체는 높이와 면적이 크거나 성격이 너무 강하지 않아야 하며, 물체의 흐름을 잡아주거나 파격을 주는 물체는 깊이가 있는 물체가 좋으며 뒷 배경의 물체는 성격이 약한 것이어야 한다.

그 외에 자연물과 인공물, 다양한 색과 단색조의 물체, 채도가 높은 물체와 낮은 물체, 난색조의 물체와 한색조의 물체 등을 적당히 조화 있게 배치해야 한다. 물체 간의 보색관계인 배치는 앞부분에서는 좋으나 뒷부분에서는 피해야 한다.

〈그림 4-31〉 물체의 종류에 따른 화면 구성 사례 1

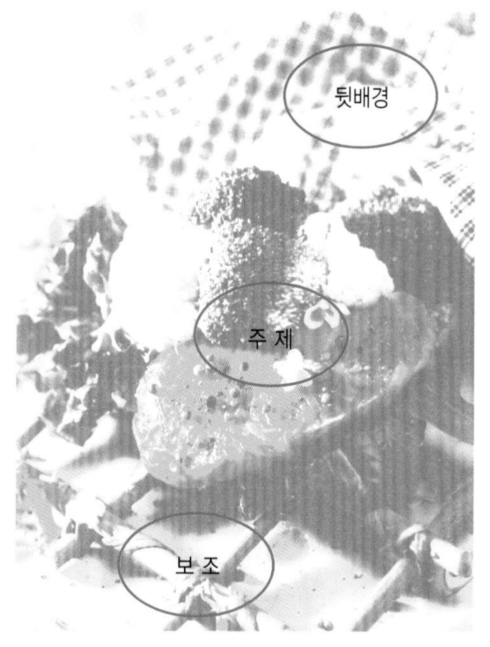

〈그림 4-32〉 물체의 종류에 따른 화면 구성 사례 2

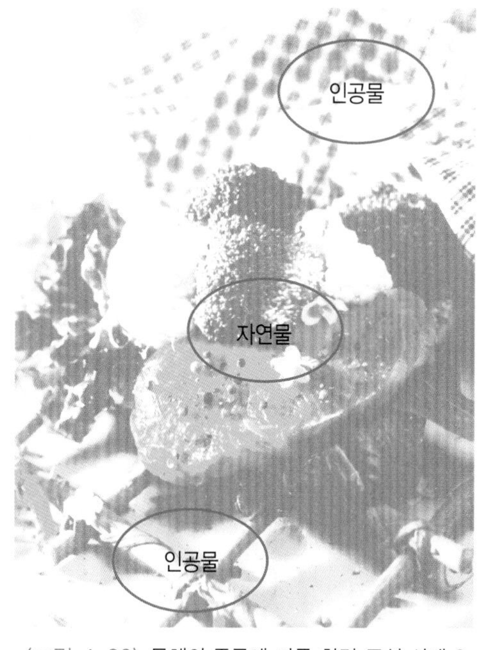

〈그림 4-33〉 물체의 종류에 따른 화면 구성 사례 3

〈그림 4-34〉 물체의 종류에 따른 화면 구성 사례 4

7) 광선의 방향에 따른 변화

작품 촬영에 있어서 광선의 방향을 일정하게 정해주면 화면 내의 통일감이 돋보이고 산만함이 사라진다.

명암은 톤(Tone)이라고 불리는데, 빛과 그림자의 상호 작용에 의해서 나타난다. 또한 광원의 방향에 따라 명암의 단계가 변화되며 그림자의 방향 또한 달라짐으로 촬영에 유의하여야 한다.

〈그림 4-35〉 광원의 방향에 따른 사진 변화 사례 1

back

〈그림 4-36〉 광원의 방향에 따른 사진 변화 사례 2

〈그림 4-37〉 광원의 방향에 따른 사진 변화 사례 3

〈그림 4-38〉 빛의 양에 따른 변화 사례 1

〈그림 4-39〉 빛의 양에 따른 변화 사례 2

8) 주제 설정에 따른 변화

일반적인 구도는 삼각형 구도, 역삼각형 구도, S자 구도, 대각선 구도, 수평 · 수직 구도로 이러한 내용은 이미 알고 있는 내용이지만, 이러한 구도들은 어떠한 주제를 결정하느냐와 위치 설정에 따라 화면 분할에 많은 차이를 나타내게 된다.

구도 설정시 주제가 확실하게 강조될 수 있도록(주제는 다른 물체보다 크거나 다양한 변화와 흥미로운 특성을 가지고 있는 것을 설정하여야 한다) 설정, 배치하여야 한다.

화면의 중앙 부분에 놓여 답답함과 전체 화면의 원근 조절을 어렵게 한다든지, 화면의 가장자리 부분에 배치하여 시선의 분산을 피하는 것이 좋다.

우리가 잘 알고 있는 황금 비례에 맞춘 주제의 설정은 일반적으로 삼각형 구도 속에 포함되며 안정감이 우선으로 되어 있다. 여기에 흐름선의 첨가 구도를 설정하면 훌륭한 구도가 될 수 있다.

〈그림 4-40〉 주제 설정에 따른 변화 사례 1

〈그림 4-41〉 주제 설정에 따른 변화 사례 2

* **비트루비우스(Marcus vitruvius Pollio)**
BC 1세기에 활동한 로마의 건축가로 헤르모게네스 같은 유명한 그리스 건축가들의 이론적 저서와 자신의 경험을 바탕으로 「건축십서(十書) De architectura」를 썼다. 총 10권으로 구성되었으며, 도시 계획과 건축 일반론, 건축 재료, 신전 건축과 그리스 오더의 사용법, 극장, 목욕탕 등 공공 건물, 개인 건물, 바닥과 회반죽 장식, 물의 이용, 시계, 측량법, 천문학, 토목 도구 및 군사용 도구를 나누어 다루고 있다.

part. 5

푸드 스타일링을 위한 발상 전환

1. 발상 전환

2. 이미지 전개

3. 이미지 도출

4. 이미지 보드

5. 이미지 맵

6. 발상 전환을 통한 아이디어 전개

part. 5

푸드 스타일링을 위한 발상 전환

푸드 스타일리스트에게 있어서 뛰어난 아웃풋을 뽑아내는 작업은 창의적이고 독창적인 아이디어의 발상에서부터 시작된다. 작업에서 중요한 것은 컨셉에 맞는 적절한 형태와 표현 방법을 찾아내는 것이다. 그러나 독창적인 형태를 발견하고 찾아냄과 동시에 고유한 형태를 지키는 것은 생각하는 것만으로는 부족하다. 따라서 형태를 전개하고 표현하는 과정에 있어서 훈련과 연습이 필요하다.

1. 발상 전환

1) 아이디어 발상과 전개

새로운 푸드 스타일링 형태와 구도의 아이디어는 창조적인 생각에서부터 시작된다. 아이디어는 식자재, 혹은 기존 음식의 질서를 무너뜨리지 않으며 새로운 모습과 형태로 변해야 한다. 동시에 스타일링을 성립시키는 심미성, 실용성, 독창성 등 여러 가지 조건을 유기적으로 만족시킬 수 있어야 한다. 따라서 아이디어는 발상의 단계부터 실용성과 심미성, 독창성의 조화와 통일을 염두에 두고 전개되어야 한다.

푸드 스타일링의 아이디어는 발상에서 완성에 이르기까지 몇 단계의 과정을 거쳐 전개된다.

〈표 5-1〉 푸드 스타일링 아이디어 발상 전환 과정

순 서	디자인 과정	표현 과정	표현 정도 및 특징
1	이미지 설정	scrap sketch	- 떠오른 이미지를 메모하듯 간략하게 스케치 - 추상적, 공상적이며 현실성이 희박한 상태
2	이미지의 구체화	style sketch	- 이미지를 목적에 맞게 구체화하는 스케치
3	시각화	drawing	- 스타일링 목적에 도달해서 최종적으로 완성될 형태를 시각화하는 단계의 표현 - 실체화를 이루어 현실성에 따른 시안의 채택
4	수정 · 보완	re-styling	- 컨셉, 식자재의 생산 시기, 단가, 스타일링의 목적 등의 종합적인 검토로 디자인을 개량한다.

(1) 이미지

작품의 표현은 아이디어의 모티브를 이루는 이미지(image) 설정에서부터 시작된다. 이미지란 막연한 심상으로 외부의 자극에 의해 의식 속에 나타나는 대상이라 할 수 있다.

푸드 스타일리스트의 작품의 컨셉은 표현해야 하는 대상과 자신이 잡은 느낌 사이에 형성된다. 따라서 표현해야 하는 대상과 자신이 잡은 컨셉 속에서 이미지를 얻어 그 특징들을 생명력 있게 표현하여야 하며, 그 평가는 불특정 다수인 대중에 의해서 이루어진다.

〈그림 5-1〉 이미지 발상의 전환 1

〈그림 5-2〉 이미지 발상의 전환 2

이에 컨셉에 맞으며 창조적인 결과물을 도출하기 위해서는 식자재에 대한 이해와 함께 끊임없는 노력과 미적 훈련과 발상의 전환이 있어야 한다.

(2) 이미지의 구체화

설정된 이미지는 푸드 스타일리스트의 의지에 따라 재구성이 되어진다. 경험이 많은 푸드 스타일리스트에게 있어서 아이디어의 발전 과정은 대체로 무의식적인 과정을 통해 이루어진다. 따라서 많은 경험과 훈련을 통해서 그와 같은 사고 체계를 할 수 있는 능력을 길러야 한다.

모든 식자재의 전개는 절제와 통일이라는 가장 기본을 베이스로 하여 형태를 재구성하게 된다. 형태, 색채, 질감, 구도, 재료 등 여러 요소들이 서로 연관되어 새로운 형태로 재창조되어 생명력을 얻을 수 있도록 조형적 요소들의 상관 관계를 유지하여야 한다. 또한 푸드 스타일리스트는 이미 창조된 작품이라 할지라도 푸드 스타일리스트의 의지에 따라 새로운 발전과 재창조를 할 수 있다.

〈그림 5-3〉 이미지의 구체화 1

〈그림 5-4〉 이미지의 구체화 2

2) 발상 표현의 주의점

스타일링을 하는데 있어서 가장 큰 문제는, 바로 우리 주변에서 흔히 볼 수 있는 관습적이고 일반화되어진 사고 과정이라고 할 수 있다. 이러한 과정은 오랜 세월을 거처 생성된 하나의 습관적 상태로서 인식될 수 있다.

창조적 발상은 현 상태를 정확하게 이해함으로써 시작될 수 있다. 생성되어진 현재의 상태가 무엇인가를 창조해 내어야 한다는 것을 목적으로 발상을 전개하게 된다.

(1) 어떻게 발상을 표현해야 하는가?

① 표현 훈련을 통해 스케치 능력을 길러라.

다양한 스케치 연습과 훈련을 통하게 되면, 자신의 컨셉에 맞는 구도를 머릿속에 바로 그릴 수 있는 능력이 생긴다.

② 형태 선정은 어떻게 해야 하는가?

식자재 고유의 형태를 유사한 다른 형태로 변형하거나 기타 유기적 모습으로 인식하여 스스로의 상상력을 발휘하여, 같지만 다른 제 3의 것으로 재창조할 수 있다.

③ 생각이 막힐 경우에는 어떻게 해야 할 것인가?

그 무엇이 되었든 수집된 자료 중에 다른 지면에 소개가 되었거나, 또 다른 형태에서 관련된 형태의 연상된 힌트를 얻을 수 있다면 그것으로 이후의 전개가 가능하다.

④ 상호 조화는 어떻게 이루어져야 하는가?

실용성, 심미성, 기능성, 독창성을 염두에 두고 이 사항을 만족시킬 수 있게 작업을 해야 한다. 이 모든 부분을 다 만족시키는 스타일링은 생명력이 있으며 상호 조화를 이루는 살아있는 스타일링이 된다.

3) 재구성

식자재나 재료의 특징적인 형태를 옮겨와 재료를 새롭게 조합해서 목적에 맞게 창조하는 단계에서부터 재구성은 시작된다. 좀 더 발전하여 몇 개의 도형이나 간단한 조형 형태를 활용해서 재구성하는 것이 좋다.

재구성을 할 때에는 같은 재료를 가지고 다른 형태를 만들어 내는 것이기 때문에 약간의 변화에도 섬세하게 신경을 써야 한다.

4) 이미지 표현

이미지의 표현은 푸드 스타일리스트의 의도에 따라 무의식적으로 진행될 수 있도록 훈련되어야 한다. 이러한 훈련을 통해 작업이 어떤 방향으로 전개되더라도 일정한 흐름을 갖고 당황하지 않고 변환시킬 수 있어야 한다. 이러한 이미지를 전개할 때에는 많은 변화를 주는 것은 피하고 아주 조금씩 변화시켜 전개하여야 많은 형태와 이미지를 찾을 수 있다. 관습적이고 일상적인 생각에서 벗어나 새로운 창조를 한다는 입장에서 전개해야 한다.

식자재는 그 자체로 생명력을 지니고 있음으로 살아 있는 것의 변화하는 모습, 선의 흐름이나 율동, 전체적인 디자인 요소의 상호 작용에 따른 구성적 효과 등을 고려하여 생명력 있는 느낌으로 표현하는 것이 중요하다.

5) 스타일링의 보완

스타일링 표현 특성을 살펴 단순화 혹은 더욱 섬세하게 나누어 새로운 이미지로 재구성한다.

이 과정을 통하여 정리되고 일관성 있는 통일된 분위기로 완성될 수 있다.

2. 이미지 전개

1) 연 상

이미지를 이용하여 또 다른 창작을 하는 데에 있어서 첫 단계로 푸드 스타일리스트는 컨셉, 테마를 결정해야 한다. 따라서 수집된 이미지들을 정리하고, 가지를 쳐서 좁혀나가는 방법을 개발하여야 한다. 푸드 스타일리스트 스스로 어떤 하나의 이미지를 떠올리거나, 또는 클라이언트로부터 시안을 제안 받는 경우에는 떠올린 이미지와 시안에서 구체적인 하나의 테마를 선정하고 이미지의 연상을 진행한다. 시안과 이미지에 대해 구체적으로 기술하는 과정에서 새로운 아이디어와 테마를 선정할 수 있다.

(1) 아이디어 도출의 창조 요인

① 문제점 파악

작업을 진행해 나감에 있어 장애가 되는 요인이 무엇인지 파악한다. 파악된 요인을 제거하여 작업 진행을 원활하게 한다.

진행될 작업을 위한 아이디어의 기초를 만들어 아이디어 발상을 진행한다.

〈그림 5-5〉 이미지의 연상 1

〈그림 5-6〉 이미지의 연상 2

② 아이디어 발상 진행

착안된 아이디어에 살을 붙여 확대시키며 진행한다. 하나의 이미지나 아이디어를 생각할 때 연상되는 부분들을 같이 묶어서 아이디어를 진행한다.

(2) 아이디어 도출의 방해 요인

① 고정관념

고정관념은 자유로운 발상력과 표현을 저하시키는 가장 큰 요인이다. 평소의 상식이나 관습에 빠지게 된다면 창조적인 발상, 자유로운 발상을 하지 못한다. 보편화된 상식이나 관습도 새로운 아이디어를 이끌어내는 창조적 작업에 있어서는 마이너스적인 요소가 된다.

② 선입견

선입견을 가지고 작업을 시작할 경우 자유로운 발상과 아이디어를 억제하게 된다. 다만 직관과 선입견은 명확히 구별해 두어야 한다. 직관은 경험적인 뒷받침이나 감각적, 미적인 판단력 또는 논리적인 근거가 배경에 존재하며, 한순간의 번득임(창조력)이 나올 수 있는 것을 뜻한다.

③ 조건반사

조건반사는 작업을 진행함에 있어 일정한 패턴으로 반응을 보이는 경우를 말한다. 이러한 일정한 반응을 보임으로써 자신도 모르는 사이에 습관적으로 같은 자리에 소품을 배치, 배열하는 오류를 범하게 된다.

이상을 제외하고도 자기 규제나 개인의 습관은 발상력을 저하시키는 요인이다.

〈표 5-2〉 아이디어를 넓히는 연상 방법

연상 패턴	방 법
기획편집	직선적으로 연상의 폭을 넓혀간다.
집합연상	관련 있는 것을 그룹으로 묶는다.
반대연상	반대되는 것을 떠올린다.
유사연상	비슷한 것을 연상한다.
근접연상	가까이 있는 것을 생각한다.
원격연상	빙빙 돌려서 도달 할 수 있는 상상을 한다.
추상연상	구체적인 것으로부터 추상적인 개념을 상상한다.
상징연산	근접연상과는 반대되는 연상을 한다.

2) 창 조

스타일링을 하는 데에 있어서 특히 중요시되는 것은 창조성(creativity)이다. 창조란 것은 반드시 무에서 유를 만들어내는 것을 의미하지는 않는다. 제너럴 일렉트릭사(General Electric Co)의 폰 팡게는 「전문적 창조성의 개발」에서 창조는 이미 존재해 있는 요소들을 새로운 방법으로 결합하는 것을 말한다고 하였다. 여기서 말하는 '새로움'은 단지 '향상' 만을 의미하는 것도 아니고 맹목적으로 기존의 것과 다른 '이상함' 을 의미하는 것도 아니고, 질의 본질적 · 긍정적 변화를 의미한다.

(1) 유연적 사고

성공적인 발상 전환을 위해서는 사고의 유연성을 지니고 더욱 다양한 방향에서의 접근이 필요하다. 유연성이라는 것은 주어진 시안과 컨셉에 적응하고 대처하는 태도, 숙련도, 컨셉에 대한 이해의 능력을 의미한다. 사고의 유연성을 지니고 있어야 창조적인 사고를 하는 데에 있어 다양한 결과를 얻어낼 수 있다.

〈표 5-3〉 유연적 사고

사고의 유연성
과감히 제거하라.
과감히 결합하라.
다시 제거하고 다시 결합하라.
다른 요소들과 결합하고 제거하라.
크기와 무게감을 바꾸어 보아라.

(2) 비평적 사고

아이디어를 창조해내는 능력과 비평적 사고의 능력을 통해 작업을 진행하며 발생된 문제에 대한 해결이 이루어질 수 있다. 비평적 사고는 경험과 지식을 토대로 하여 창출된 아이디어를 객관화시켜 바라보는 것을 뜻한다. 스타일링 영역에서 필요한 비평적 사고능력은 새로운 스타일링을 위한 중요한 역할을 담당하게 된다. 스타일링 단계에 있어 많은 비평적인 판단을 필요로 하며, 다음과 같은 질문을 통하여 올바른 결정에 도달할 수 있다.

이러한 비평적 사고를 통하여 새로운 결과를 독창적으로 이끌어 낼 수 있다. 따라서 유연한 사고와 동시에 비평적 사고를 수행해야만 더욱 창조적인 작품이 탄생될 수 있다.

〈표 5-4〉 비평적 사고

비평적인 판단 단계
푸드스타일링에 있어서 중요한 관점이 인식되었는가?
푸드스타일링에 대하여 실용적으로 접근이 가능한 것인가?
스타일 속에 새로운 가능성이 존재하고 있는가?
형태의 왜곡이 없었는가?
재료가 적당하게 적용되고 있는가?

〈 창조 체크리스트 〉

- ☑ 다른 용도는 없는가?
- ☑ 다른 데서 아이디어를 얻을 수 없을까?
- ☑ 완전히 바뀐 것을 써보면 어떨까?
- ☑ 확대해보면 어떨까?
- ☑ 축소해보면 어떨까?
- ☑ 교환하는 것은 어떨까?
- ☑ 역으로 해보면 어떨까?
- ☑ 조합해보면 어떨까?

3. 이미지 도출

발상 전환을 하기 위한 첫 단계는 이미지 도출에서부터 시작된다. 이미지 도출은 주어진 하나의 컨셉에서부터 발전되는 아이디어의 진행을 뜻하는데, 컨셉은 커피와 아이스크림처럼 형상화시킬 수 있는 것에서부터 캐주얼이나 모던과 같이 추상적인 것에 이르기까지 다양하다. 이렇게 하나의 컨셉이 주어졌을 경우 그 컨셉과 연관지어 떠오르는 모든 단어를 나열하는 과정이 바로 이미지 도출이다.

이러한 과정을 통하여 컨셉의 보조 기능을 수행할 수 있는 이미지를 뽑아낼 수 있다. 이렇게 뽑아낸 이미지는 다양한 요소들을 포함하고 있기 때문에 그 중에서 자신이 필요로 하는 이미지를 중심으로 다시 아이디어 전개를 해야 한다. 이러한 과정을 통해 도출된 이미지가 컨셉을 진행하는 가장 기본적인 요소가 된다. 따라서 이미지 도출은 하나의 작품을 진행, 완성하기 위한 가장 기본적인 내용이 되는 것이다.

식자재가 아닌 컬러로도 이미지를 도출해 낼 수 있다. 한 가지 컬러에서 연상되어지는 모든 이미지의 내용을 적어 나간다. 그렇게 하여 결정된 한 가지에서 심도 있는 아이디어를 진행해 나간다. 이미지 도출의 방법과 형태는 꼭 어떻게 해야 한다고 정해진 것이 없다. 어떠한 방식과 형식을 취하더라도 본인이 내용을 파악하기 편한 방법을 취하는 것이 가장 좋다.

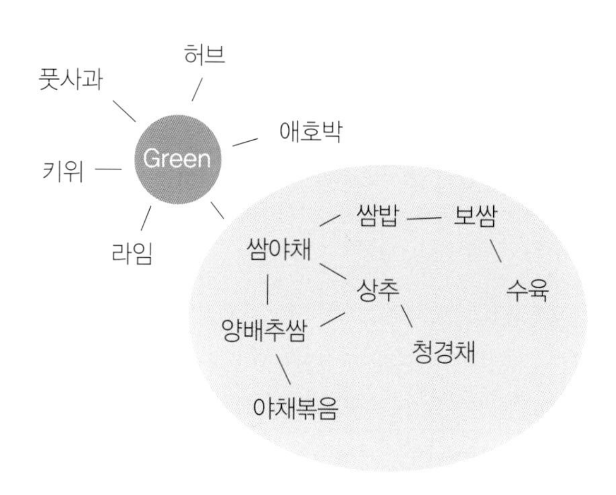

〈그림 5-7〉 그린 컬러 이미지 도출 사례

특정한 한 가지의 주제를 가지고 어떤 이미지를 만들지에 관한 이미지 도출 내용이다. 가장 먼저 주제에서 떠오르는 생각과 파생되어지는 이미지를 무차별적으로 적어 본다. 그렇게 해서 나온 내용 중에 자신이 전개하기로 결정한 내용에 있어서 더욱 심도 있게 이미지를 도출해 낸다. 그렇게 하여 나온 내용 중 한 가지의 내용으로 결정하여 작업을 진행한다. 즉 주제만 봤을 때는 난해하고 광범위하던 내용이 이러한 이미지 도출을 거치면서 구체화된 내용으로 정리될 수 있다.

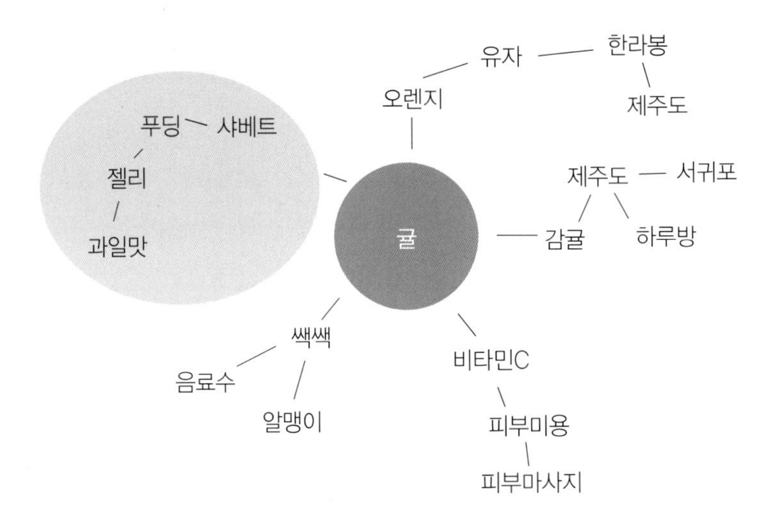

〈그림 5-8〉 **오렌지 푸드 이미지 도출 사례**

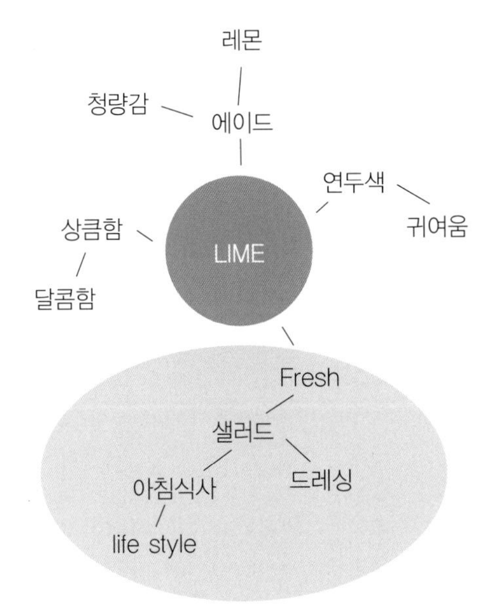

〈그림 5-9〉 **라임 이미지 도출 사례**

4. 이미지 보드

'이미지 + 보드' 라는 뜻으로 이미지 도출 과정에서 뽑아진 이미지들을 중심으로 관련된 기존 이미지들을 찾아가는 과정이다. 이런 과정을 통하여 기존의 다른 이들은 같은 컨셉을 어떤 방향으로 바라보고 작품을 연출하였는지를 알 수가 있다. 이렇게 모여진 이미지들을 한 눈에 들어오도록 정리하여 보드와 같은 형태를 만드는 것을 뜻한다. 예를 들어, 한 가지 컨셉으로 촬영을 하려고 할 때 아이디어 도출을 통해 컨셉이 정해진 과정에서 컨셉에 맞고, 어울릴만한 이미지를 찾게 된다. 즉 완성될 결과물의 과정을 보드화 하는 것이다. 따라서 이미지 보드 안에는 컨셉과 이미지가 있어야 한다.

또한 프리젠테이션 할 때 자신의 기획안을 보충하기 위해서, 혹은 컨셉을 설명하기 위해서, 아니면 자신의 컨셉이 우월하다는 걸 증명하기 위해서, 진행되었던 과정들의 이미지들을 붙여서 클라이언트에게 설명할 때 보충 자료로 쓰는 보드이다.

〈그림 5-10〉 그린 컬러 이미지 보드 사례

〈그림 5-11〉 옐로우 컬러 이미지 보드 사례

〈그림 5-12〉 레드 컬러 이미지 보드 사례

5. 이미지 맵

'IMAGE MAP' 이란 의미 그대로 이미지에 지도를 만드는 것을 말한다. 이미지 맵을 만들기 위해서는 우선 이미지의 좌표를 쉽게 알아 볼 수 있어야 한다. 통상 이미지 맵은 그림 지도라고 생각할 수 있으며 조사하고자 하는 대상을 이해하고 분석하기 위한 자료로 쓰이기 위해 만들어진다. 그러므로 본인의 주관적인 대상의 이미지를 중점적으로 모으는 방법은 대상을 바라보는 본인의 주관적 시각을 나열하는 것으로, 위에 말한 이미지 맵의 목적, 조사하고자 하는 대상의 다양하고 객관적인 이미지를 담아 내기에는 문제가 있다. 이미지 맵은 광고, 제품디자인, 시각디자인, 의상디자인, 건축 등 매우 다양한 분야에서 각각의 경우에 따라 이미지 맵의 조사 조건을 달리하여 표현할 수 있다.

이미지 맵을 만들 경우 맵의 조건을 달리하여 조사할 수 있다. 이러한 조건에 따라 모아진 자료(대부분 사진 등등)를 한데 모아 유형으로 묶일 수 있는 공통점들 끼리 나열한다. 비슷한 요소 또는 조건끼리 모아서 각각의 연관성에 따라 그림이 서로 가깝게, 연관성이 먼 것끼리 서로 멀게 또는 특성에 따라 위치를 달리하든가, 클래식(classic), 캐주얼(casual), 모던(modern), 로맨틱(romantic), 오리엔탈(oriental), 댄디(dandy), 엘레강스(elegance), 에스닉(ethnic) 등등에 따라 자기가 설계한 조건으로 객관적인 이미지 맵을 만들 수 있다.

이렇게 만들어진 이미지 맵은 이후 아이디어 스케치나 컨셉 도출을 토대로 하여 자신의 컨셉을 명확하게 보여줄 수 있는 자료가 된다.

〈그림 5-13〉 레드 컬러 이미지 맵 사례

〈그림 5-14〉 **엘로우 컬러 이미지 맵 사례**

〈그림 5-15〉 **그린 컬러 이미지 맵 사례**

6. 발상 전환을 통한 아이디어 전개

이미지 도출, 이미지 보드, 이미지 맵을 통해 도출되어진 아이디어를 통해 작업을 진행할 수 있다. 이렇게 나온 여러 가지 이미지들은 작업을 진행하는 데에 있어 참고 자료로도 사용되며 자신의 창작 작업을 진행할 때 유용한 가치를 지닌다.

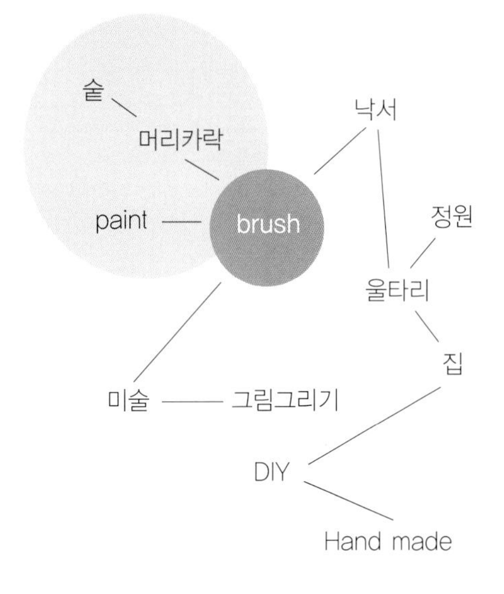

〈그림 5-16〉 이미지 도출 사례

〈그림 5-17〉 이미지 보드 사례

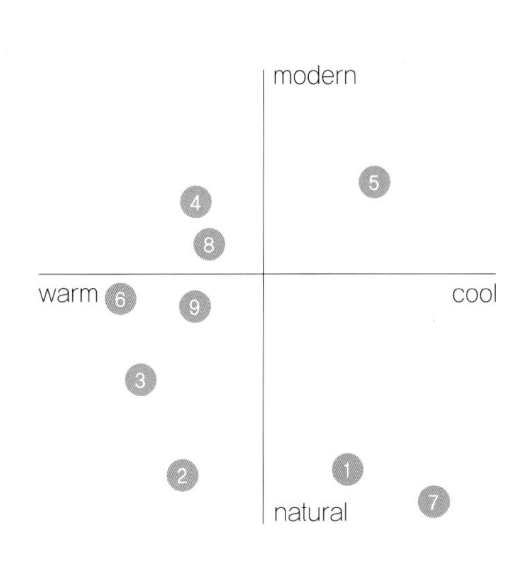

〈그림 5-18〉 이미지 맵 사례

〈그림 5-19〉 이미지 발상 완성 사진 사례

〈발상 전환 진행 시트 사례〉

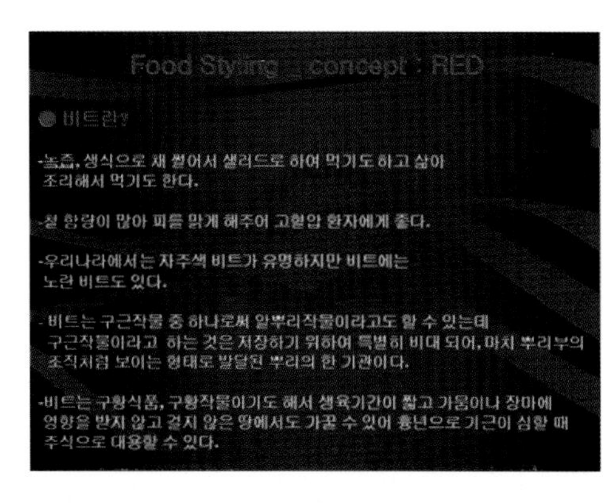
Food Styling _ concept : RED
비트란?
-녹즙, 생식으로 채 썰어서 샐러드로 하여 먹기도 하고 삶아 조리해서 먹기도 한다.
-철 함량이 많아 피를 맑게 해주어 고혈압 환자에게 좋다.
-우리나라에서는 자주색 비트가 유명하지만 비트에는 노란 비트도 있다.
- 비트는 구근작물 중 하나로써 알뿌리작물이라고도 할 수 있는데 구근작물이라고 하는 것은 저장하기 위하여 특별히 비대 되어, 마치 뿌리부의 조직처럼 보이는 형태로 발달된 뿌리의 한 기관이다.
-비트는 구황식품, 구황작물이기도 해서 생육기간이 짧고 가뭄이나 장마에 영향을 받지 않고 걸지 않은 땅에서도 가꿀 수 있어 흉년으로 기근이 심할 때 주식으로 대용할 수 있다.

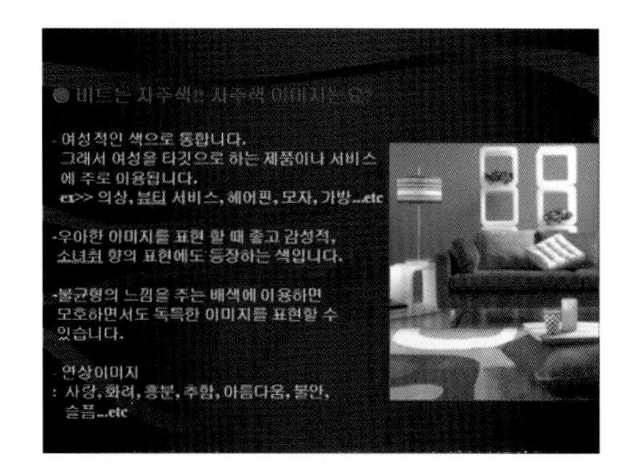
- 여성적인 색으로 통합니다.
그래서 여성을 타깃으로 하는 제품이나 서비스에 주로 이용됩니다.
ex>> 의상, 뷰티 서비스, 헤어핀, 모자, 가방...etc
-우아한 이미지를 표현 할 때 좋고 감성적, 소녀취 향의 표현에도 등장하는 색입니다.
-불균형의 느낌을 주는 배색에 이용하면 모호하면서도 독특한 이미지를 표현할 수 있습니다.
- 연상이미지
: 사랑, 화려, 흥분, 추함, 아름다움, 불안, 슬픔...etc

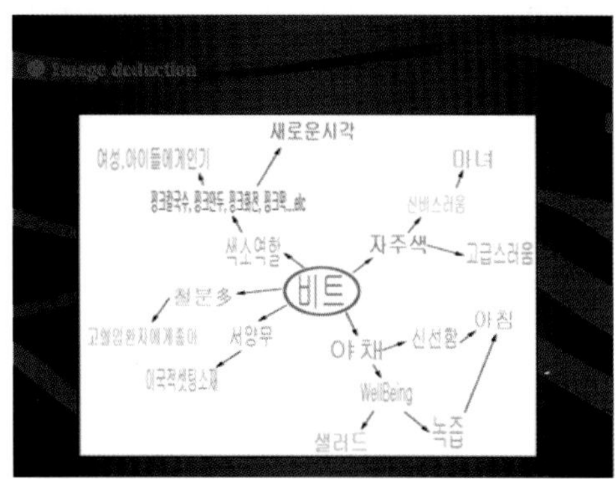
새로운시각
여성,아이들에게인기
핑크칼국수, 핑크만두, 핑크화전, 핑크떡...etc
색소역할
비트
자주색
신비스러움
마녀
고급스러움
철분 多
고혈압환자에게좋아
서양무
이국적셋팅소재
야채
신선함
아침
WellBeing
샐러드
녹즙

Image map
simple
warm
cool
complex
단조로우면서 동양적 분위기에
컬러는 원래 주제가 red이기도 하지만
Image map 에서 보듯 따뜻하고
깔끔한 컬러가 잘 어울리는 red컬러가
잘 매치된다고 보겠다.

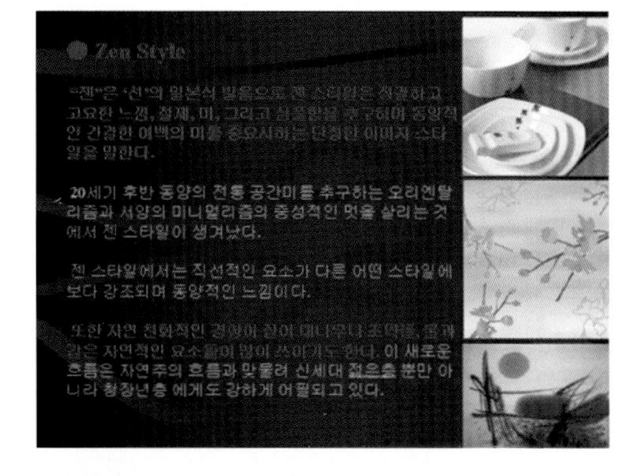
Zen Style
"젠"은 '선'의 일본식 발음으로 젠 스타일은 청결하고 고요한 느낌, 절제, 미, 그리고 심플함을 추구하며 동양적인 간결한 여백의 미를 중요시하는 단정한 이미지 스타일을 말한다.
20세기 후반 동양의 전통 공간미를 추구하는 오리엔탈리즘과 서양의 미니멀리즘의 중성적인 멋을 살리는 것에서 젠 스타일이 생겨났다.
젠 스타일에서는 직선적인 요소가 다른 어떤 스타일에 보다 강조되며 동양적인 느낌이다.
또한 자연 친화적인 경향이 짙어 대나무나 조약돌, 물과 같은 자연적인 요소들이 많이 쓰이기도 한다. 이 새로운 흐름은 자연주의 흐름과 맞물려 신세대 젊은층 뿐만 아니라 청장년층 에게도 강하게 어필되고 있다.

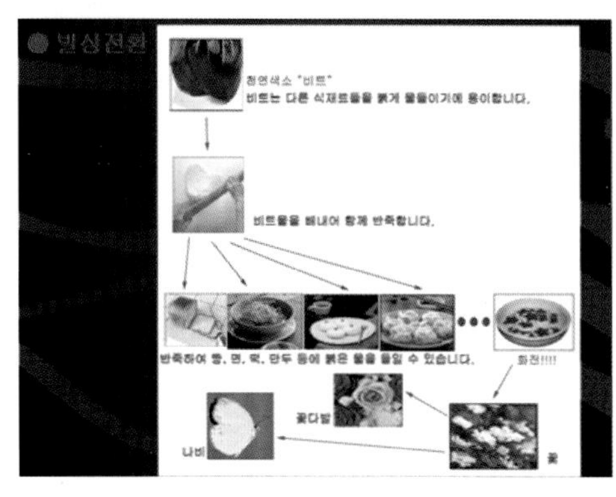
천연색소 "비트"
비트는 다른 식재료들을 붉게 물들이기에 용이합니다.
비트물을 빼내어 함께 반죽합니다.
반죽하여 빵, 면, 떡, 만두 등에 붉은 물을 들일 수 있습니다.
화전!!!!
꽃다발
나비
꽃

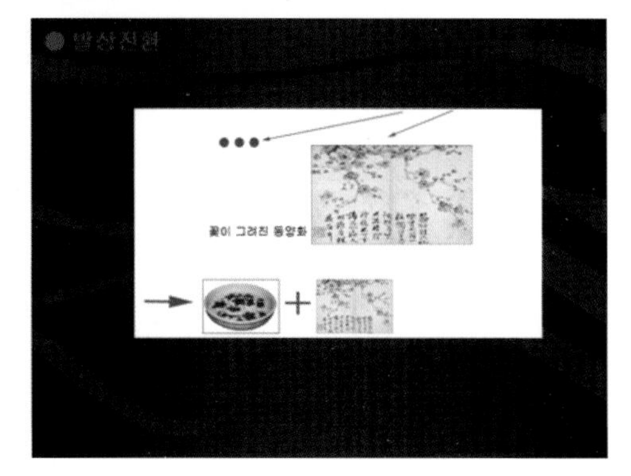
꽃이 그려진 동양화

〈완성 사진〉

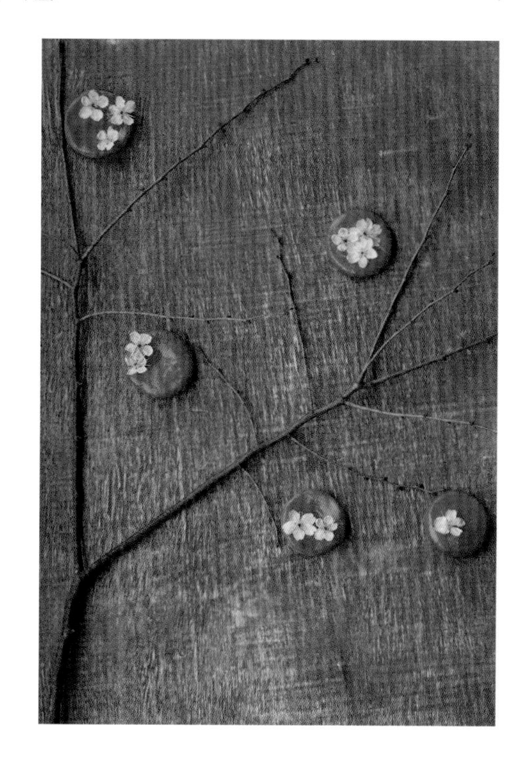

〈그림 5-20〉 발상 전환 진행 시트 사례

part. 6

푸드 스타일링 촬영 기법

1. 사진 촬영의 기본

2. 푸드 스타일링 연출의 기본

3. 촬영용 푸드 스타일링

part. 6

1. 사진 촬영의 기본

사진 촬영은 푸드 스타일링을 하는 과정에서 반드시 이루어지는 과정 중 하나이다. 그러나 사진 촬영은 푸드 스타일리스트의 역할이 아닌 포토 그래퍼의 역할이다. 이 과정을 통하여 순간적인 작업이 영원한 작업으로 바뀜으로 사진 촬영은 푸드 스타일리스트의 영역이 아님에도 불구하고 중요한 요소로 작용된다. 따라서 포토 그래퍼와의 원활한 의사 소통과 작업의 편리성을 위하여 기본적인 사진 용어와 약간의 이론에 대한 지식이 필요하다.

사진술(Photography)의 어원은 그리스어의 '빛(Phos)' 이라는 말과 '그린다' 라는 말의 '그라포스(Graphos)' 의 합성어로 '光畵(빛으로 그린 그림)' 이라는 의미를 지니고 있다.

1) 촬영 장비

① 가방

가방

이동을 위하여 촬영 장비를 넣을 수 있도록 되어 있는 가방이다. 카메라를 보호할 수 있는 완충 기능을 하고 있어 장시간 이동 시에도 카메라를 보호할 수 있으며 내부의 공간이 적절하게 분할되어 있어 촬영 소품을 수납하기에도 좋다.

② 삼각대

촬영 순간에 카메라가 고정되도록 하는 기구로써 카메라의 위치나 렌즈의 방향을 상, 하, 좌, 우로 조절할 수 있는 사진촬영 보조 기자재로써 좋은 사진을 얻기 위해서는 촬영시 필수품으로 생각해야 한다. 손으로 들고 찍으면 흔들림으로 정밀하게 찍을 때 올려놓는 용도로 사용한다.

삼각대

③ 반사판

역광 촬영시 그림자 부분에 빛을 보충하기 위하여 만든 반사판을 말하며 최근에는 야외 촬영시 휴대가 간편한 다양한 종류의 반사판이 상품화되어 있는데 '플랫' 이라고도 부른다.

또한 램프로부터 피사체에 좀 더 많은 양의 빛을 보내게 하기 위해 램프 뒤에 설치하는 둥그런 모양의 반사면을 지칭하기도 한다. 빛을 반사해서 역광 같은 상황에서 빛을 반사해 준다.

반사판

④ 필름

유연한 아세테이트나 플래스틱 지지체에 감광유제가 코팅되어 있어 사진 이미지를 기록하도록 되어 있으며 카메라의 크기나 사진의 용도에 따라서 필름 크기나 형태가 다양하다.

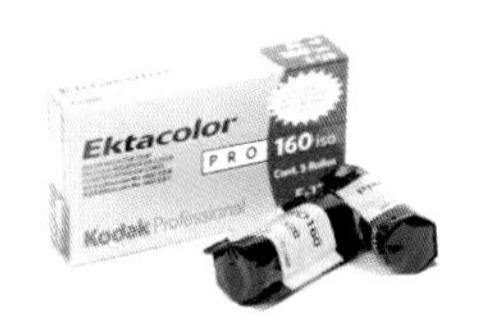

필름

2) 카메라

피사체로부터 반사되는 빛이 렌즈를 통과하여 필름 면에 도달함으로써 이미지를 맺게 되는데, 이때 렌즈로부터 필름 면까지 일정한 거리를 유지시키되 외부의 모든 빛을 차단시킬 수 있도록 고안된 암실상자와 필름을 장전할 수 있는 카트리지(필름홀더) 등으로 구성된 기계이다. 조리개 구멍의 크기와 빛이 조리개를 통과하는 시간을 조절하여 광학의 원리(광선의 물리적 성질)와 필름의 화학적 성질을 이용하여 촬영자가 원하는 장면을 기록할 수 있는 기계적 장치를 말한다.

소형 · 중형 · 대형 카메라의 구분은 주로 필름의 크기에 따라 나뉜다.

35mm는 소형, 80mm 이상(80~120mm)은 중형, 4×5인치(5×7, 8×10인치 등등

중형 카메라

대형 카메라

소형 카메라

계속 커진다) 이상은 대형으로 구분할 수 있다. 다시 말해, 이 소형 · 중형 · 대형은 카메라 몸체의 크기가 커지는 건 당연하지만 단순히 바디가 크기 때문이 아니라, 위의 mm는 필름 사이즈이므로, 더 큰 필름을 쓰기에 카메라가 커지는 것이다.

더 큰 필름을 쓰게 되면 더 큰 모니터나 더 큰 도화지에 더 큰 그림을 더욱 세밀한 데까지 그리는 효과를 얻을 수 있다. 일반적인 용도에서는 소형 카메라와 중 · 대형 카메라와의 차이를 느낄 수 없을지라도 큰 사이즈로의 인화를 필요로 하는 작업이라면 차이가 크게 난다.

디지털 카메라

디지털 카메라는 위의 필름 카메라들 중에 소형 카메라를 디지털화 한 것이다. 렌즈가 달려 있고 필름 카메라와 기본 구조는 동일하지만, 필름 카메라는 빛이 들어와서 필름에 맺히지만 그 필름에 해당하는 부분에 디지털 ccd가 장착된 것이다.

위에서 소형 · 중형 · 대형의 차이란 결국 필름의 크기라고 설명했다. 디지털도 마찬가지다. 필름 대신 ccd가 커질수록 고화질의 카메라가 된다.

디지털로는 아직 완벽한 중형 · 대형 카메라가 나오지 않았다. 하지만 핫셀 같은 회사의 중 · 대형 카메라에는 디지털 팩을 달아서 디지털로 촬영하는 경우들도 최근 생기고 있다.

기존의 필름 카메라로 찍는데 디지털 팩을 뒤에 달아서 필름 대신 ccd에 촬영되도록 한 것이다. 하지만 음식 사진 촬영을 하는 데에 있어서 중형 이상의 카메라를 사용할 확률은 거의 없다. 디지털 카메라 중에 고가의 카메라라고 하더라도 결국 소형으로 분류할 수 있다. 크기가 크다고 대형 카메라의 분류라고는 볼 수 없다.

3) 조 명

① 소프트 박스

천으로 만든 뱅크 안에 천 두 장이 설치되어 있다. 안의 재질이 은색을 띄고 있어서 반사가 이루어지면서 강한 인조광을 만들어 낸다. 안에 설치된 천 때문에 부드러운 느낌을 준다. 일반 램프나 조명에도 앞에 기름종이를 대면 빛이 부드러워진다. 이상과 같은 원리를 가진 전문가용이다.

소프트 박스

우산 조명

② 우산 조명

스튜디오 촬영시에 퍼지는 빛을 일정 방향으로 부드럽게 모아주는 역할을 한다.

내부가 은박 소재로 되어 있어서 빛을 살짝 반사해서 일정 방향으로 모이게 한다.

텅스텐

③ 텅스텐

사전적 정의는 '주기율표 제6A족에 속하는 전이원소. 굳고 단단하며 주로 백색 또는 회백색을 띠는 금속원소' 이다. 이걸 전구에 바른 게 텅스텐 조명이 되고 필름에 바르면 텅스텐 필름이 된다.

예를 들자면, 형광등 아래에서 사진을 찍으면 사람이든 음식이든 조금 푸르스름하게 나온다. 하지만 백열등 아래서 찍으면 약간 노랗거나 하얗게 나온다. 그렇게 전구의 특성을 찍을 대상의 특성에 맞도록 하는 과정에서 주로 조명을 텅스텐으로 할지, 말지를 결정하게 된다. 음식 사진에는 주로 텅스텐 조명을 많이 쓰는데, 이는 화사하고 밝게 보이게 하기 위함이다.

스트로브

④ 스트로브

'스트로브' 는 외장 플래쉬이다. 스튜디오 촬영시 특히 피사체에게 촬영시에 연속적으로 플래쉬가 터지는데, 이런 전문적 플래쉬건 아니면 소형 카메라에 달린 플래쉬건 모두 스트로브라고 볼 수 있다. 원래 플래쉬의 유명 상품명 이름이 하나의 공식 용어로 사용되는 것이다.

2. 푸드 스타일링 연출의 기본

푸드 스타일링을 하는 데에는 다양한 연출 도구가 필요하다. 식자재 고유의 느낌과 표정을 살려주기 위한 보조 역할을 한다고 볼 수 있는 연출 도구는 크게 연출 재료, 식품 재료, 특수 재료로 분류될 수 있다.

1) 연출 재료

스타일링을 진행하기 위해 항상 기본으로 요구되는 재료들을 뜻한다. 때로는 본래의 용도와는 다른 용도로 사용되기고 하기 때문에 어떤 도구가 어떻게 사용되고 있는지 정확히 숙지하여야 한다. 그러나 반드시 정해진 방법으로 사용하여야 하는 것은 아니며 현장의 상황과 자신이 익숙하며 친숙하게 다룰 수 있는지에 따라 사용 방법은 달라질 수 있다.

① 가방

- 연출 도구를 집어넣기 위한 가방이다.
- 칼을 비롯하여 날카롭고 위험한 기물을 많이 사용하므로 튼튼하고 단단한 가방이 필요하다.
- 큰 기물이 아니라 대부분 작은 기물들로 이루어져 있으므로 적절히 칸이 나누어져 있어야 기물을 보관하기가 용이하다.
- 작은 칸들에 밴드 처리가 되어 있으면 더욱 용이하게 사용할 수 있다.

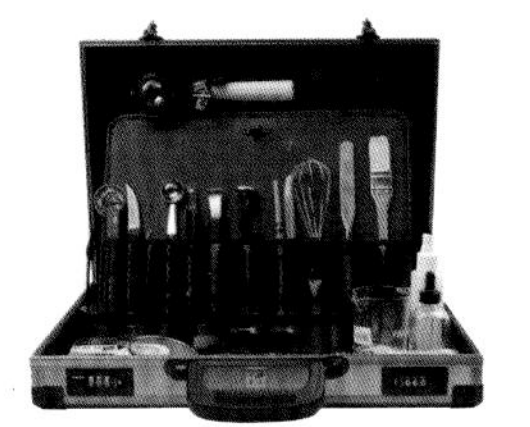
가방

② 앞치마

- 일반적인 앞치마보다 물건을 보관할 수 있는 칸이나 주머니가 많이 나누어져 있어 기물들을 넣을 수 있는 앞치마가 작업을 하기 편하다.
- 손이 닿는 위치와 앞면을 비롯해 다양하게 구역이 나누어져 있어야 한다.

앞치마

③ 다리미

- 배경이 되는 천과 촬영에 필요한 모든 패브릭 종류를 다리기 위해 필요하다.
- 눈으로 볼 때에는 크게 주름이 잡혀 있지 않은 것 같아도 카메라 렌즈를 통해서 볼 경우에는 주름이 잡혀 있는 경우가 많기 때문에 섬세하게 신경을 써야 한다.

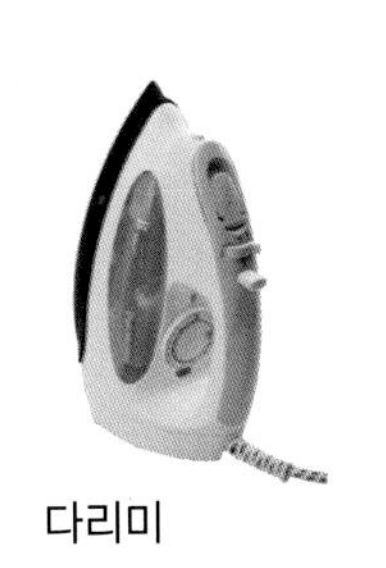
다리미

④ 분무기

- 배경이 되는 천과 촬영에 필요한 모든 패브릭의 종류의 주름을 펼 때 사용한다.
- 과일이나 야채의 신선도를 표현하기 위해 물방울이 맺힌 것을 표현할 때 사용된다.
- 물방울이 필요하거나 차가운 곳에서와 따뜻한 곳에서의 온도 차이에 의해서 생긴 성에나 물방울 표현에 사용한다.

분무기

⑤ 붓

- 액상을 음식에 바를 경우에 사용한다. 커피, 물엿, 기름 등을 바른다.
- 붓은 각각 용액에 따라 종류별로 준비하는 것이 좋다.

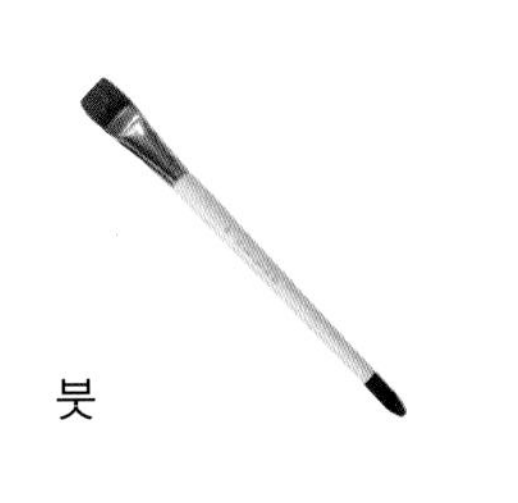
붓

⑥ 핀셋

- 미세한 부분의 수정과 연출을 할 때 사용한다.
- 촬영시 손으로 집을 수 없을 정도로 작은 물체나 뜨거운 것을 잡을 때에는 손의 대용으로도 사용된다.
- 밥 스타일링시에 밥을 세우기도 하고, 볶음밥 스타일링시 야채를 심어 주기도 한다.

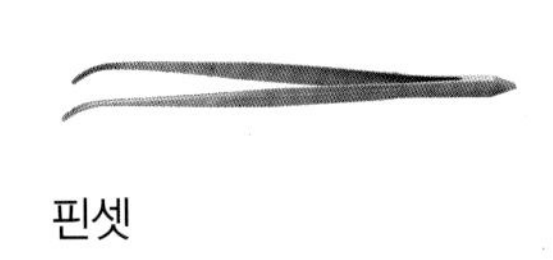
핀셋

⑦ 이쑤시개, 산적꽂이

- 식자재를 고정시킬 때 사용한다.
- 미세한 부분의 수정을 할 때에 사용된다.

이쑤시개, 산적꽂이

⑧ 그릴용 쇠막대

- 고기나 야채에 그릴 자국을 낼 때에 사용된다.
- 불에 달구어 빨갛게 되었을 때 식자재에 자국을 내준다.

그릴용 쇠막대

⑨ 계량 컵

- 재료의 양을 잴 때 사용한다.
- 정확한 계량을 위해 계량컵을 사용한다. 200ml

계량 컵

⑩ 계량 스푼

- 조리할 때 재료의 양을 잴 때 사용한다.
- 정확한 계량을 위해 계량 스푼을 사용한다.
- 큰 스푼은 15ml, 작은 스푼은 5ml로 계량한다.

계량 스푼

⑪ 스페출러(미술용 유화 나이프)

- 제과용 스페출러도 있지만 작은 케이크 아이싱을 할 때 사용한다.
- 빵에 버터나 잼을 얇게 바를 때 사용한다.
- 베다를 만들 때 거친 느낌으로 터치를 할 때 사용하기도 한다.

스페출러(미술용 유화 나이프)

⑫ 시침핀

- 음식을 고정시킬 때 사용한다.
- 눈에 보이지 않는 부분 같은 경우는 고정을 시키고 조리를 함으로써 그 형태가 유지된다.

시침핀

⑬ 실

- 음식물의 고정을 위해 묶거나 꿰매주기도 한다. 보이는 부분은 제거해야 하지만, 보이지 않는 부분은 그냥 사용하기도 한다.

실

- 국수나 냉면 촬영시 면을 소량 묶어서 삶으면 그릇에 담을 때 가지런하게 연출할 수 있다.

⑭ 면봉

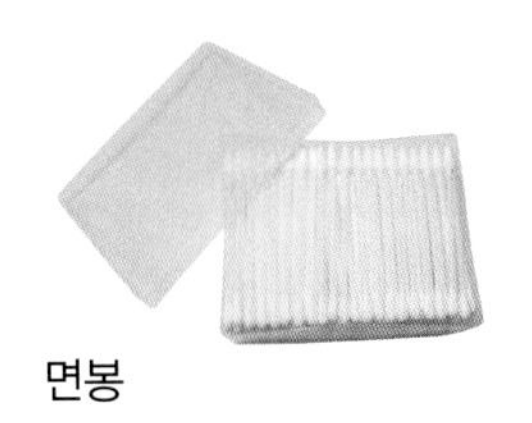
면봉

- 촬영할 때 음식물을 닦거나 정리할 때 많이 사용하는 도구이므로 항상 준비한다.
- 그릇에 미세하게 묻은 소스나 기름, 국물을 제거할 때 사용한다.

⑮ 주사기

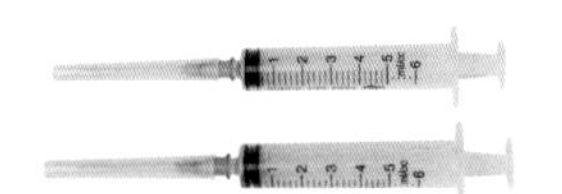
주사기

- 소스를 뿌릴 경우 모양을 잡아줄 때 사용한다.
- 소량의 국물을 더하고 뺄 경우 주사기를 사용한다.
- 장시간 촬영시 물방울을 만들 때 글리세린을 이용해서 물방울을 연출한다.

⑯ 스포이트

스포이트

- 소스가 있는 요리에 자연스러운 소스의 표현을 위해 사용한다.
- 음료의 수위와 색상 조절에 사용한다.

⑰ 깔대기

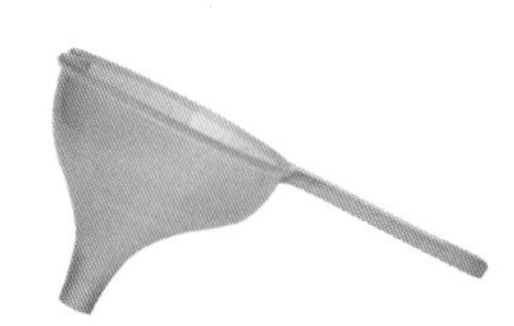
깔대기

- 소스나 음료를 다른 곳으로 옮겨 담을 때 깔끔하게 담기 위해 사용한다.
- 입구가 좁은 용기에 액체를 옮길 때 사용한다.
- 오일류를 옮길 때 용기에 묻히지 않고 깔끔하게 옮길 수 있다.

⑱ 샤또칼

샤또칼

- 과일이나 채소의 모양을 낼 때 사용하면 껍질을 얇게 벗길 수 있고, 섬세한 연출을 할 수 있다.

⑲ 작은 가위

- 마지막으로 음식의 형태를 정리할 때 사용한다.
- 정교한 음식 연출 시에 섬세한 부분을 정리할 때 사용한다.

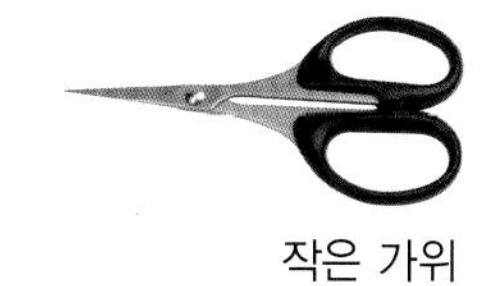
작은 가위

⑳ 작은 체

- 슈거 파우더나 계피 가루와 같이 가루를 체 칠 때 사용한다.

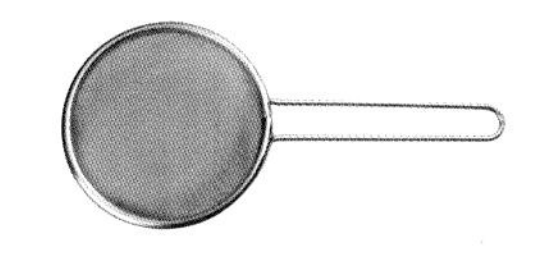
작은 체

㉑ 아이스크림 스쿱

- 일반적으로 아이스크림을 퍼낼 때 사용한다.
- 가짜 아이스크림을 만들었을 때에도 아이스크림을 퍼낼 때와 같이 사용한다.

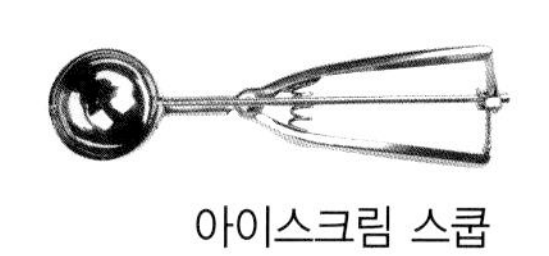
아이스크림 스쿱

㉒ 스쿱

- 과일이나 야채를 동그랗게 퍼낼 때 사용한다.
- 작은 모양을 만들어 장식할 때 사용한다.

스쿱

㉓ 제스트

- 오렌지, 레몬, 라임과 같은 과일의 껍질을 모양을 내서 벗기는 데 사용된다. 채 썬 것과 비슷하나 웨이브가 있어 리듬감이 있는 표현이 가능하다.

제스트

㉔ 토치

- 음식의 표면이 익은 것과 같은 질감을 표현할 때 사용한다.
- 생선이나 소시지, 닭 오븐구이, 그라탕 등 구운 효과를 연출할 때 사용한다.

토치

필러

㉕ 필러

- 채소나 과일을 얇게 썰 때 사용한다.
- 필러를 이용해서 자른 것은 동그랗게 말기 쉽게 얇게 썰 수 있다.

블라워 브러시

㉖ 블라워 브러시

- 베다에 미세한 먼지나 가루를 털어낼 때 사용한다.

거품기

㉗ 거품기

- 거품을 낼 때 사용한다.
- 계란 흰자의 거품은 카푸치노와 맥주의 거품 연출에도 사용된다.

면 보

㉘ 면 보

- 깔끔한 이미지를 위해 맑은 국물을 얻어내기 위하여 사용한다.

2) 식품 재료

특수한 느낌을 표현할 때 기존의 식품을 응용하여 사용할 수 있는 재료이다.

식용유

① 식용유

- 음식을 촬영하기 전에 식용유를 발라주어 윤기를 준다. 말라 보이지 않고 먹음직스러워 보이는 효과를 얻을 수 있다.
- 과일 촬영시 식용유를 살짝 발라 거즈로 기름기를 닦은 후 물 스프레이를 뿌려 물방울 모양을 낼 때 사용한다.

② 커피

– 빵이나 고기가 익은 느낌을 주기 위하여 갈색으로 보여야 할 때 사용한다.

커피

③ 간장

– 육수, 소스의 색을 내기 위하여 사용한다.

– 아메리카노 커피를 연출할 때도 간장을 이용한다.

간장

④ 물엿

– 윤기를 주기 위하여 사용하는데 국물이 있는 요리의 농도 조절에도 사용한다.

– 볶음 요리 할 때 윤기를 낼 때도 사용한다.

– 소스의 농도 조절에 사용한다.

물엿

⑤ 베이비 오일

– 식용유와 같은 용도이나 흰색과 같이 색이 보이는 요리에는 베이비 오일과 같이 무색인 것을 사용해야 한다.

베이비 오일

⑥ 식용 색소

– 식용이 가능한 색소로 음식의 색을 더 선명하게 살려 줄 때 사용한다.

식용색소

3) 특수 재료

특수 효과를 내기 위한 재료이다.

일반적으로 포토 그래퍼들을 위한 전문 가게에서 다음과 같은 재료를 구입할 수 있다. 예전에는 포토 그래퍼들의 고유 영역이었던 부분이지만, 최근에는 푸드 스타일리스트도 이러한 포토 그래퍼의 특수 재료를 사용하기도 한다.

① 인조 거품

인조 거품

- 맥주거품처럼 신선하고 풍부한 거품을 연출할 때 사용한다.
- 오래도록 사그러지지 않는 것이 장점이다.
- 두 가지 용액을 섞으면 거품이 발생한다.

② 인조 얼음

인조 얼음

촬영 중에 얼음은 녹아내릴 수 있음으로 인조 얼음을 사용하는 것이 좋다.

- 투명한 보통의 각 얼음 효과를 연출한다.
- 뜨거운 조명 아래에서도 녹지 않는다.
- 물에 24시간 불려 만들며, 물에 뜬다
- 부빙액을 섞은 물에 넣으면 얼음을 띄울 수 있다.

③ 인조 크리스탈 얼음

인조 크리스탈 얼음

투명하게 얼음이 비치는 느낌을 살리고 싶을 경우에 사용할 수 있다.

- 실물처럼 깨끗하고 크리스탈처럼 투명한 얼음의 효과가 있다.
- 깨지지 않아 계속 사용할 수 있는 장점이 있다.
- 2가지 크기(3×3cm, 3.5×3.5cm)가 있으며, 위스키 광고에 사용한다.

④ 인조 반투명 각얼음

인조 반투명 각얼음

- 냉동실에서 막 꺼낸 듯 차고 하얀 얼음이다.
- 뜨거운 조명 아래서도 녹지 않는 것이 장점이다.
- 물에 불려 만들며, 물에 뜬다.
- 부빙액을 섞은 물에 넣으면 얼음을 띄울 수 있다.

⑤ 인조 이슬

- 뜨거운 조명 아래서도 마르지 않는 이슬방울, 아침 풀잎에 맺힌 이슬, 차가운 병 표면에 맺힌 물방울 촬영에 효과적이다.
- 스프레이로 원하는 표면에 뿌려 사용하며, 흡수성이 적은 표면에 뿌려 사용하기도 한다.
- 흡수성이 적은 표면에서 더 지속력이 있다.
- 20~30cm 거리에서 뿌린다.

인조 이슬

⑥ 인조 눈

- 눈이 내리는 모습이나 수북이 쌓인 눈을 연출할 수 있다.

인조 눈

⑦ 인조 연기

- 모락모락 피어오르는 뜨거운 커피의 김, 연기 효과 연출.
- 두 가지 용액을 양옆에 붙여 놓으면 몇 분 동안 계속 피어오른다. 섞거나 덧바르면 연기가 발생하지 않을 수 있다.

인조 연기

⑧ 인조 물방울

- 뜨거운 조명 아래에서도 마르지 않는 물방울이다.
- 신선한 과일, 야채 등을 촬영할 때 매우 효과적이다.
- 스트로우(빨대)로 찍어 바른다.

인조 물방울

⑨ 인조 얼음 알갱이

- 물고기나 팥빙수처럼 얼음 알갱이가 필요한 경우 조명에 녹아 버리지 않기 위해 필요하다.
- 자잘한 얼음 알갱이로 팥빙수, 싱싱한 생선 진열을 연출할 수 있다.
- 뜨거운 조명 아래서도 녹지 않는다.

인조 얼음 알갱이

- 분말 형태로 15분 정도 물에 불려 만들며, 4시간 정도 유지될 수 있다.
- 색깔 있는 물에 불리면 색깔 있는 얼음이 된다.

⑩ 인조 아이스크림

인조 아이스크림

- 진짜 같은 아이스크림 효과가 난다.
- 뜨거운 조명 아래에서도 녹지 않는다.
- 종이, 과자 등 수분 흡수되는 용기에 오래두면 수분이 흡수되어 부서질 수 있다.
- 5가지 종류가 있으며, 바닐라, 초코, 땅콩, 딸기, 크림이다.

⑪ 반사 제거 스프레이

반사 제거 스프레이

- 거울, 유리, 도자기, 금속 등을 촬영할 때 표면에 뿌려 반사광을 없앤다.
- 사용 후 마른 천으로 닦으면 쉽게 제거된다.

⑫ 특수 접착제

특수 접착제

- 붙이거나 세우기 어려울 때 사용한다.
- 유연한 고체로 되어 있고, 단단히 고정된다.
- 사용 후엔 깨끗하고 쉽게 제거된다.

⑬ 인조 물

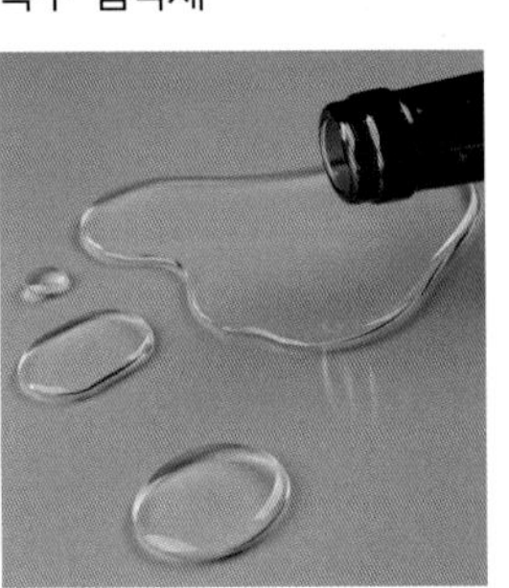

인조 물

- 엎지러진 물의 모양을 사실처럼 연출한다.
- 크리스탈처럼 투명하고 깨지지 않으며 어떤 표면 위에서든지 연출이 가능하다.

〈표 6-1〉 기물 체크 리스트

종 류	체크 유무	종 류	체크 유무
앞치마		거품기	
다리미		면 보	
분무기		식용유	
붓		물 엿	
이쑤시개		커 피	
그릴용 쇠막대		간 장	
핀 셋		베이비 오일	
시침핀		식용 색소	
실		인조 거품	
면 봉		인조 얼음	
주사기		인조 크리스털 얼음	
스포이트		인조 반투명 각얼음	
깔대기		인조 물	
샤또칼		인조 얼음 알갱이	
작은 가위		인조 물방울	
작은 체		인조 연기	
아이스크림 스쿱		인조 아이스크림	
미니 스쿱		인조 눈	
제스트		인조 이슬	
필 러		특수 접착제	
토 치		반사 제거 스프레이	
블라워 브러시			

3. 촬영용 푸드 스타일링

촬영을 위한 푸드 스타일링에는 다양한 기법이 존재한다. 그러나 이러한 기법은 반드시 1+1=2와 같이 공식이 있는 것이 아니고 현장의 상황과 재료에 따라 유동적이다.

이 장에서는 기본적인 가이드 라인이 될 수 있는 기법을 제시하되 그 기법을 기본으로 하여 진행을 하는 스타일리스트에 따라 다양한 시도와 변화를 통해 보다 더 나은 스타일링 방법을 찾아낼 수 있다.

1) 배추 김치 촬영 기법

완 성

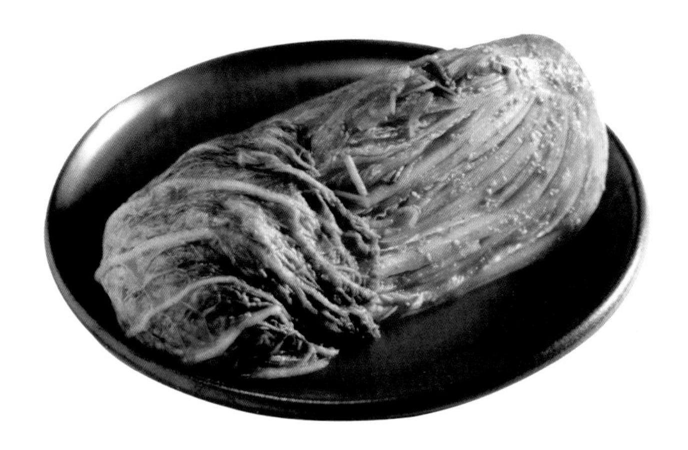

과 정

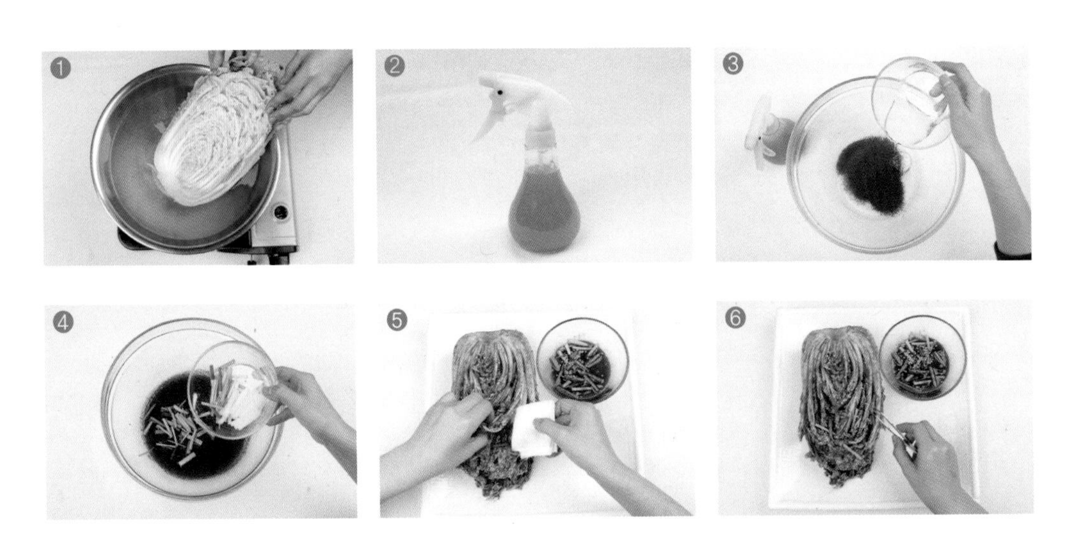

배추 김치 촬영 기법

날 짜		담당교수	

재 료	배추 4쪽 기준 배추 2통, 굵은 소금 5~6컵, 고춧가루 2컵, 물엿 1컵, 갈은 붉은 고춧물, 고추장 1/2컵, 무채, 실파, 당근 채, 미나리, 깨, 식용유, 기타 장식할 가니쉬
실습 내용	1. 배추는 반을 갈라 끓는 물에 겉잎 쪽으로 먼저 살짝 데쳐낸다. 2. 고춧물 만들기 – 홍고추의 씨 제거 후 물과 함께 믹서에 갈아 체에 거즈를 얹어 걸러낸 다음 물 스프레이 통에 넣어둔다. 3. 볼에 고춧가루, 물엿, 고춧물을 넣고 섞어준다. 더 붉은색이 나게 할 때는 고추장을 조금 넣기도 한다. 색을 보며 양을 조절한다. 4. 무, 실파, 미나리는 같은 길이로 채 썬 다음 3을 넣어 버무린다. 5. 배추의 물기를 짜고 2의 고춧물을 골고루 뿌려 색을 입히고 휴지나 페이퍼 타올을 넣어 볼륨을 잡아준다. 6. 3의 양념을 배추에 골고루 바르고 4의 채소를 배추 위에 자연스럽게 얹는다. **Tip** – 촬영 후 식용유를 발라 윤기를 내기도 하고, 깨를 뿌리기도 한다.
결과 및 소감	

2) 밥 촬영 기법

완 성

과 정

밥 촬영 기법

날 짜		담당교수	

재 료	밥, 베이비 오일(또는 청주), 휴지, 이쑤시게
실습 내용	1. 고슬고슬한 밥을 준비한다. 2. 밥그릇에 휴지를 1/2정도 채워준다. - 밥만 담을 경우 눌린 느낌이 드는 진밥과 같이 될 수 있다. 3. 휴지 위에 밥을 올리고 볼록하게 밥을 담고 밥알 하나하나 잘 살아나도록 이쑤시게나 꼬치를 이용해서 밥알을 세워준다. 4. 베이비 오일로 밥이 더 윤기나 보이게 살짝 발라 연출한다. **Tip** - 식용유는 노란 빛이 돌 수 있음으로 무색의 베이비 오일이 적합하다. - 모델이 밥을 먹을 경우에는 밥을 하고 뜸을 들일 때 청주를 넣어 밥을 하기도 한다.
결과 및 소감	

3) 국수 촬영 기법

완 성

과 정

국수 촬영 기법

날 짜		담당교수	

재 료	국수면, 지단, 호박, 당근, 소고기, 느타리 버섯, 무, 간장 약간, 실

실습 내용	1. 계란지단은 소금을 넣고 부쳐내서 색깔이 선명해지도록 한 후 채 썬다.
	  - 경우에 따라 노란색 식용 색소를 섞어 색을 더 진하게 내기도 한다.
	2. 손질된 재료와 지단을 채썬다.
	3. 호박은 돌려깎기 한 후 채썬 다음 끓는 물에 소금을 넣고 살짝 데친다.
	4. 당근은 돌려깎기 한 후 채썬 다음 끓는 물에 소금을 넣고 살짝 데친다.
	  - 야채를 데치면 색이 더 선명해진다.
	5. 국수면은 가늘게 잡아서 실로 묶어서 삶아준다.
	6. 삶아서 꺼낸 면은 바로 얼음물에 담근다.
	7. 익힌 무를 그릇 바닥에 1/3 정도 되게 놓고, 실로 묶은 면을 무 위에 올린다.
	8. 완성된 고명을 면위에 올려 손질한다.
	9. 국수국물은 간장을 맑게 하여 비커에 담아 면이 풀리지 않게 하여 국물을 담는다.
	
	Tip
	- 사골국물의 느낌일 경우에는 우유나 액상분말, 사골곰탕 등을 넣어 맑게 해서 찍는다.
	- 삶은 무를 사용해야 무가 뜨지 않는다.

결과 및 소감	

4) 우동 촬영 기법

완 성

과 정

우동 촬영 기법

날 짜		담당교수	

재 료	우동면, 버섯, 판 어묵, 쑥갓, 청고추, 홍고추, 대파 흰 부분, 당근, 익힌 무 상황에 따라 : 가쯔오부시, 우유, 해물, 곤약
실습 내용	1. 우동면은 투명해질 때까지 삶아 준 후 바로 얼음물에 담근다. 2. 우동국물은 간장으로 맞춘다. 색이 연하면 숟가락으로 조금씩 간장을 조절하여 색을 낸다. 3. 판어묵은 칼, 가위 등으로 둥글게 다듬어 준다. 4. 쑥갓은 얼음물에 담궈 놓는다. 5. 고추는 어슷하게 썰어서 물에 담궈 놓고, 씨를 뺀다. 6. 당근은 모양을 낸 뒤 끓는 물에 소금을 넣고 살짝 데친다. 7. 곤약은 잘라서 꼬듯이 모양을 낸 후 냄비에 간장과 물을 끓인 후 곤약에 간장색을 내준다. 8. 그릇에 익힌 무를 넣은 후, 1의 우동면을 올린 후, 고명 재료들을 올린 후, 2의 간장 물을 그릇 끝 쪽으로 고명이 흐트러지지 않도록 넣는다. **Tip** - 우동 국물 색은 눈으로 보는 것보다 흐리게 만든다. - 삶은 무를 사용해야 무가 뜨지 않는다.
결과 및 소감	

5) 아이스크림 촬영 기법

완 성

과 정

아이스크림 촬영 기법

날 짜		담당교수	

재 료	슈가파우더 450g, 쇼트닝, 마가린(버터)8큰술, 물엿 4분의 1컵, 피스타치오, 호두, 건포도, 드라이 아이스, 이쑤시게, 식용 색소, 스쿱
실습 내용	1. 믹싱볼에 슈가파우더, 마가린, 약간의 물엿을 넣어 반죽한다. 온도에 따라 쇼트닝이 녹는 정도가 달라짐으로 손에 닿는 감촉으로 양을 조절하여야 한다. 2. 어느 정도 반죽이 되면 원하는 색소를 넣고 반죽한다. 3. 건포도, 호두 등 연출하고자 하는 것을 넣어 반죽을 완성한다. 4. 스쿱으로 떠서 아랫 부분을 이쑤시개로 위 아래로 긁어 자연스럽게 한다. * 스쿱의 연출에 따라 아이스크림 씨즐이 좌우된다. 5. 그릇이나 접시에 예쁘게 담는다. 6. 녹는 씨즐감 표현을 위해 물엿이나 물을 살짝 발라도 좋다. **Tip** - 인조 아이스크림을 사용해도 된다.
결과 및 소감	

6) 스프 촬영 기법

완 성

과 정

스프 촬영 기법

날 짜		담당교수	

재 료	생크림, 밀가루, 무, 물엿, 야채즙(옥수수-노란색, 당근-오렌지색, 시금치-녹색, 감자-백색)
실습 내용	1. 스프접시에 무를 그릇 높이보다 낮게 잘라 삶은 후 담는다. - 스프의 양이 부족할 때도 용이하다. 2. 냄비에 밀가루 반 컵, 물 반 컵을 넣고 밀가루 죽을 만든다. 3. 투명 물엿을 넣어 밀가루가 분리되는 것을 막아 준다. 4. 3에 원하는 야채즙을 넣는다. 5. 멍울이 안 지게 체에 걸러 국자로 담는다. 6. 스프 위에 장식은 핀셋으로 놓고 무가 있는 부분 위에 올려 놓는다. - 야채 장식이 가라앉는 상황을 방지할 수 있다. **Tip** - 삶은 무를 사용해야 무가 뜨지 않는다.
결과 및 소감	

7) 햄버거 촬영 기법

완 성

과 정

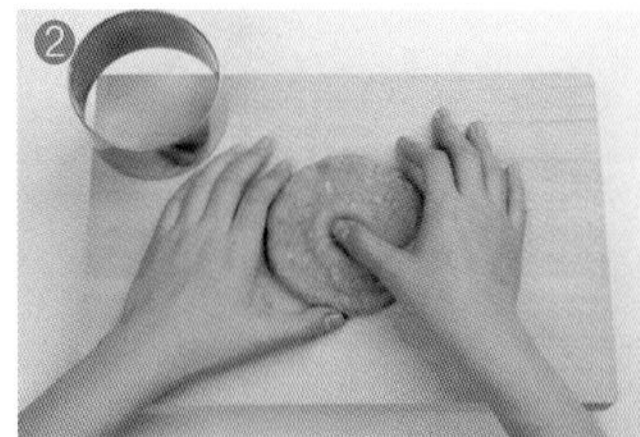

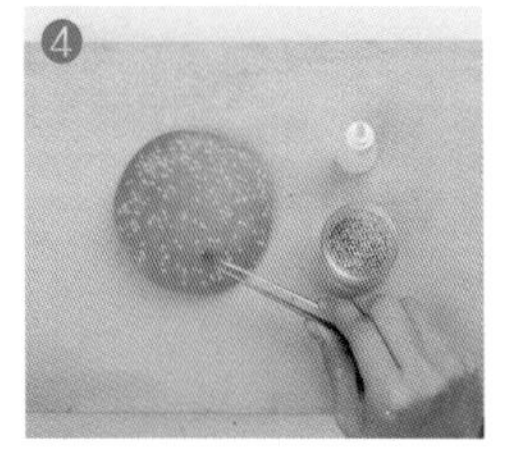

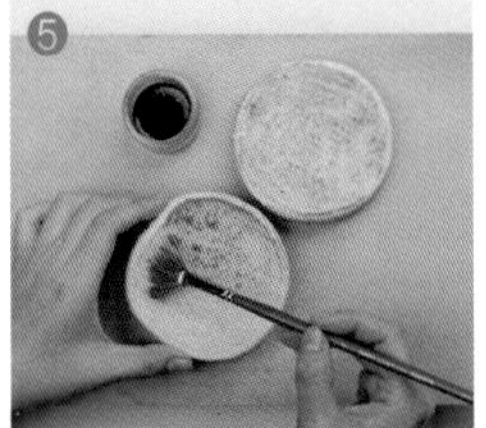

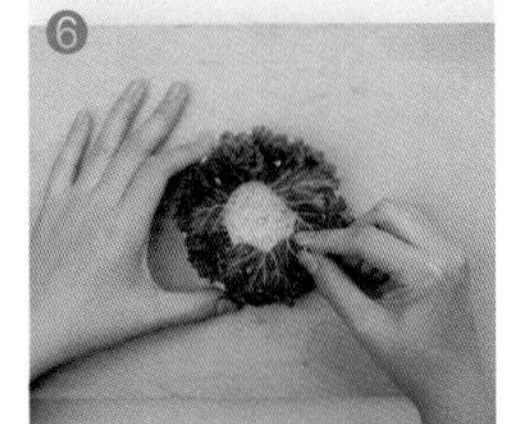

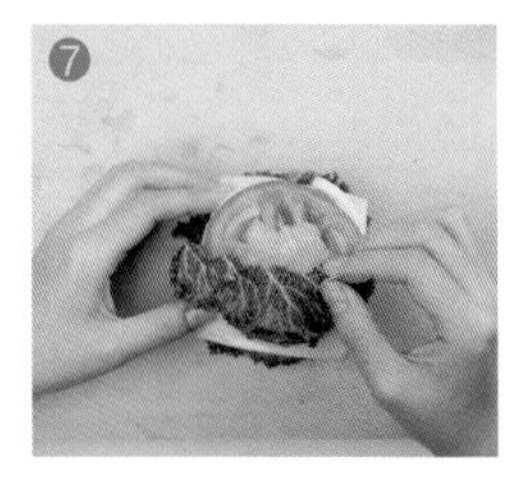

햄버거 촬영 기법

날 짜		담당교수	

재 료	햄버거 빵 1개, 양파 1/2개, 겨자 잎, 갈은 돼지고기나 쇠고기 200g, 토마토 1/2개, 슬라이스 치즈, 커피가루 약간, 이쑤시개, 마요네즈, 원형 세라클
실습내용	1. 고기의 표면이 매끄러울 정도로 곱게 다져 많이 치대어 준비한다. 2. 빵보다 큰 틀에 고기를 넣어서 손으로 잘 눌러 모양을 잡고, 고기 반죽의 중간을 손으로 눌러 주어 부풀어 올라오는 것을 방지한다. 3. 고기를 익힐 때는 보이는 부분인 옆면부터 갈라지지 않도록 돌려가면서 익히고, 앞뒤로 골고루 익힌다. 4. 빵에 접착제를 사용하여 참깨를 붙여 더 맛있어 보이도록 만든다. 5. 참깨를 붙인 빵을 잘 굽거나 커피를 발라 연출한다. 6. 빵 위에 채소(겨자잎)를 올린 다음 꽂이를 이용하여 고정시킨다. 7. 그 위에 고기, 치즈, 양파, 토마토, 겨자잎, 빵을 순서대로 올리고 고정시킨다. 8. 고기에는 기름을 발라 윤기를 낸다. 9. 토마토에는 글리세린을 이용하여 물방울을 연출해 싱싱함을 더해준다. 10. 주사기를 이용하여 마요네즈를 겨자잎에 조금씩 올린다. 11. 완성된 햄버거에 기름을 발라서 마무리 한다. **Tip** - 겨자잎의 결이 양상추보다 이쁘고 곱게 나온다.
결과 및 소감	

8) 카레라이스 촬영 기법

완 성

과 정

카레라이스 촬영 기법

날 짜 | 담당교수

재 료	밥 1공기, 양파 1/2개, 감자 1개, 당근1/2개, 고기 100g, 카레가루1/2컵, 노란 식용 색소, 물엿, 베이비 오일, 가니쉬 채소 약간
실습 내용	1. 채소는 깍둑썰기한 후 모서리를 둥글게 다듬어 준비한다. – 익은 듯한 느낌을 표현하기 위함 2. 끓는 물에 소금을 넣어 채소를 데치고 체를 이용해 건져낸다. – 선명한 색이 나온다. 3. 준비해 둔 고기는 깍둑썰기하여 팬에 볶는다. 4. 카레가루를 물에 잘 푼다. 5. 노란 식용 색소를 몇 방울 떨어뜨려 색을 선명하게 해준다. 6. 물에 풀어 준비해 둔 카레를 서서히 끓이면서 윤기를 내기 위해 물엿을 넣는다. 7. 풀어둔 카레에 손질해 놓은 야채를 넣고 끓인다. 8. 밥은 고슬고슬하게 지어서 그릇에 담고 베이비 오일을 발라준다. 9. 완성된 카레를 그릇에 담는다. 10. 완성된 카레라이스에 모양이 좋은 야채를 사이 사이에 넣어서 색과 모양을 잡아준다. **Tip** – 밥은 베이비 오일을 발라서 윤기를 더하고, 이쑤시게를 이용해서 고슬고슬 하게 만들어 준다.
결과 및 소감	

9) 닭 오븐구이 촬영 기법

완 성

과 정

닭 오븐구이 촬영 기법

날 짜		담당교수	

재 료	영계 닭 1마리, 허브 약간, 식용유, 이쑤시개, 젖은 수건, 핀셋, 실과 바늘, 토치 램프, 오븐
실습 내용	1. 잘 손질한 닭을 준비하여 닭 껍질의 털은 핀셋을 사용하여 제거한다. 2. 젖은 수건을 배에 넣어 통통해 보이게 한다. 3. 닭다리는 실로 잘 묶어 준다. 4. 닭 표면에 기름을 발라 준 후 오븐에 30분 정도 굽는다. (예열된 오븐에 180도에서 약간 갈색이 날 때까지 굽는다.) 5. 닭의 표면에 커피를 발라 구운 듯한 느낌의 색상을 연출한다. 6. 허브나 마늘처럼 닭에 들어갈 부수 재료를 핀셋으로 붙인다. 7. 토치 램프로 겉을 익혀주며 표면의 색을 익은 듯한 씨즐로 만든다.
결과 및 소감	

10) 프라이드 치킨 촬영 기법

완 성

과 정

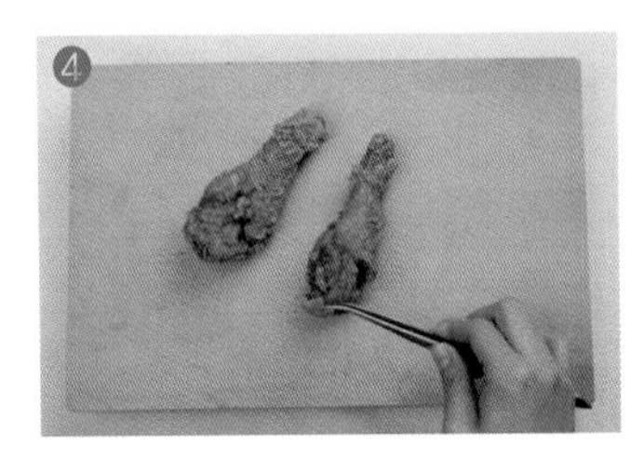

프라이드 치킨 촬영 기법

날 짜		담당교수	

재 료	닭다리, 식빵 가루, 계란, 쇼트닝, 라드, 순간 접착제, 핀
실습 내용	1. 닭의 껍질을 당겨 핀으로 고정시킨 후 밀가루를 발라 준다. – 속에는 통통하게 키친 타월을 넣어 준다. 2. 1에 튀김옷을 입힌다. – 거친 빵가루가 좋다. 3. 튀길 때 쇼트닝이나 라드를 사용해야 바삭한 느낌을 살릴 수 있다. (닭을 튀길 때는 기름 온도 150도에서 튀겨낸다.) 4. 튀김옷의 느낌이 원하는 모양으로 나오지 않았을 때는 따로 튀겨낸 것 중에 이쁘게 모양이 잡힌 것만 골라내 순간 접착제를 이용하여 붙여서 연출한다.
결과 및 소감	

11) 음료 촬영 기법

완 성

과 정

음료 촬영 기법

날 짜		담당교수	

재 료	글라스, 자동차용 왁스, 스프레이, 글리세린, 식용 색소, 과일 재료, 허브잎 약간
실습 내용	1. 글라스에 이물질이나 지문이 없도록 깨끗이 씻어 준다. 2. 글리세린을 주사기에 담아서 컵 표면에 찍은 후 스프레이로 물을 분무한다. 3. 음료의 색은 식용 색소를 사용하여 색감을 좋게 한다. (과일 주스의 경우 과일 본래의 컬러를 살려주는 것이 중요하다.) **Tip** - 컵에 자동차용 왁스를 바르고 닦아낸다. 그 위에 글리세린과 물을 섞은 액체를 스프레이 하거나 칫솔과 같은 곳에 묻여 튀겨낸다. - 컵이 차가워야 물방울이 잘 표현된다.
결과 및 소감	

12) 알코올 음료 촬영 기법

완 성

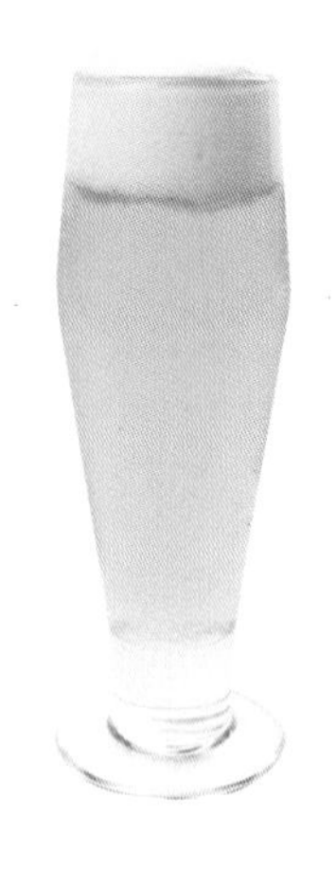

과 정

완 성

과 정

알코올 음료 촬영 기법

날 짜		담당교수	

재 료	깔때기, 약품, 계란 흰자, 거품기, 맥주 위스키, 크리스털 얼음
실습 내용	〈위스키 촬영시〉 1. 선명한 색을 내기 위해서 도수가 높은 술은 미리 데워서 알콜을 날려준다. 2. 얼음 대용의 인조 크리스털 얼음을 사용해서 연출한다. 〈맥주 촬영시〉 1. 맥주의 탄산을 미리 빼놓고 거품이나 탄산이 벽에 묻었을 경우 면봉으로 닦아준다. 2. 약품이나 계란 흰자를 이용해 만들어진 거품을 맥주 위에 올린다. **Tip** - 맥주에 소금을 넣어 거품을 표현할 수도 있다.
결과 및 소감	

촬영장에서 촬영을 하다 보면 흔히 접하는 용어가 아닌 잡업 용어를 접하게 된다.
이러한 용어들은 대체적으로 일본말이 많은데, 앞으로는 이러한 용어들의 사용을 점차적으로 줄여 나가야 하겠으나 아직은 많은 사람들이 사용을 하고 있음으로 알고 있는 것이 도움이 될 수 있다.

* 베 다
- 사진 작업을 할 때에 음식이나 소품밑에 까는 모든 것을 말한다. 일반적으로는 천이나 종이를 사용하지만 나무나 철판과 같이 특이한 베다를 사용하는 경우도 있다.

* 누 끼
- 광고 사진에서 보면 음식 사진만을 오려낸 것과 같이 표현된 것을 볼 수 있는데, 보통 메뉴판이나 광고 사진에 주로 사용하며 음식만을 오려내어 사용하는 것을 말한다.

* 간 지
- 어떠한 작업을 진행함에 있어서 완성된 결과물이나 진행과정 중에 있어 느낌이 좋거나 작품의 분위기가 좋은 것을 말한다.

* 도비라
- 표지나 이미지 사진을 말한다. 하라끼와 헷갈릴 수 있으나, 한 가지 주제가 끝나고 다음 주제로 넘어갈 때 다음 주제의 이미지를 표현해 준다고 생각하면 된다.

* 하라끼
- 최근에는 스프레드라는 말로 많이 대체되고 있다. 말 그대로 펼쳐 놓는다는 의미로 2페이지에 걸쳐서 연결되어 펼쳐진 그림을 뜻한다.

part. 7

푸드 스타일리스트 촬영 실무

1. 인쇄 매체

2. 영상 매체

part. 7

푸드 스타일리스트 촬영 실무

푸드 스타일리스트가 작업을 하는 분야는 크게 두 가지로 나눌 수가 있다. 그 한 가지는 인쇄 매체와 관련되어진 작업이며, 나머지가 영상 매체와 관련되어진 작업이다. 이러한 작업의 흐름과 방향은 대체로 비슷한 양상을 띠지만 세세한 부분의 내용은 차이가 있음으로 각각의 작업에 대한 차이를 알고 접근하게 되는 것이 앞으로의 작업을 진행하는 데에 있어서 더욱 좋은 효과를 만들어 낼 수 있다.

1. 인쇄 매체

인쇄 매체에 있어서 푸드 스타일리스트가 작업을 하게 되는 일은 크게 4가지로 나눌 수가 있다. 일차적으로 잡지와 요리책과 같이 스타일리스트의 자질을 보여주면서 개인의 취향과 성향을 나타내 줄 수 있는 작업이 있다. 이러한 작업에 있어서 스타일리스트는 본인의 이름을 걸고 진행을 하게 되므로, 또 하나의 자기 얼굴을 만든다는 생각으로 작업에 임하는 경우가 많다. 이차적으로 지면 광고와 메뉴판과 같이 광고를 함으로써 2차적인 수익 효과를 기대하는 작업을 진행하기도 한다. 완성된 작품이 너무 독특한 색채를 띠어서는 안되며, 일반화 되어져 있되 정리가 잘 되어져 있어서 소비자에게 어필하기 쉬운 내용으로 작업이 진행된다.

1) 잡 지

(1) 아이템(메뉴)

잡지는 매달의 트렌드와 방향을 제시해 주는 역할을 한다. 따라서 각각의 잡지의 성격에 따라 그 달에 다루어져야 하는 기사나 방향, 내용을 결정하게 되는데, 일반적으로는 컨셉 회의에 의해서 그 방향을 정하게 된다. 어느 정도의 큰 방향이 설정되면 그 방향과 성향에 맞는 아이템을 선정하게 되는데, 이 과정은 매우 신중한 작업을 통해 이루어지게 된다. 소비자들이 관심을 가지고 있는 분야에 대한 정확한 관찰력과 통찰력을 바탕으로 하여 어떠한 메뉴나 트렌드를 다룰지 결정된다.

(2) 촬영 섭외

아이템과 방향이 결정되면 그 내용을 진행하기 위한 아트팀을 꾸리게 된다. 일반적으로는 포토 그래퍼와 푸드 스타일리스트, 디렉터로 꾸려지게 되는데, 이 과정에서 푸드 스타일리스트에게 촬영 섭외가 들어오게 된다. 이때 푸드 스타일리스트는 시안과 방향에 대한 내용을 수령하게 된다. 담당 디렉터와의 전화 의뢰, 또는 미팅을 진행한 후 촬영의 진행 유무를 결정한다.

(3) 메뉴 선택

촬영 진행이 결정되면 어떠한 내용의 촬영이 진행될지에 대한 아이템과 방향에 대한 숙지를 한 후 메뉴를 작성하게 된다. 이때 결정된 메뉴는 담당 디렉터와 상의 후 메뉴가 결정되면 그 내용에 따라 진행을 하게 된다.

(4) 장보기 및 소품 구입

결정된 메뉴와 시안에 따라 장을 보고 소품을 구입한다. 장을 볼 때는 최소한의 동선에 따라 움직이는 것이 좋고, 식재료의 구입 장소 리스트를 갖고 있는 것이 좋다. 소품은 될 수 있는 대로 겹치지 않게 사용하는 것이 좋다.

(5) 그릇 및 소품 협찬

그릇과 소품 중 협찬을 받을 수 있는 제품은 구입하기에 앞서 협찬을 받는다. 이러한 과정은 잡지사에 의뢰해서 협찬 공문을 발송한 후에 받는 것이 정확한 절차이므로 원하는 그릇 가게나 소품 가게에 협찬 공문을 발송해 줄 것을 미리 잡지사에 의뢰하는 것이 좋다.

(6) 요리 촬영

이러한 과정을 거쳐 실제 음식을 촬영하게 되는데, 발상 전환을 통한 방법이나 스케치를 통해 시안을 잡은 내용이 어떻게 표현이 될지에 관한 구체적인 내용을 숙지하고 있는 것이 좋다. 우선 촬영 내용을 미리 잡아볼 수 있는 시트를 마련해 작업을 진행한다.

(7) 레시피 마감

완성된 사진에 관련된 레시피를 작성하여 담당 디렉터에게 메일링을 함으로써 촬영을 마무리한다.

〈표 7-1〉 잡지 촬영 제작 과정

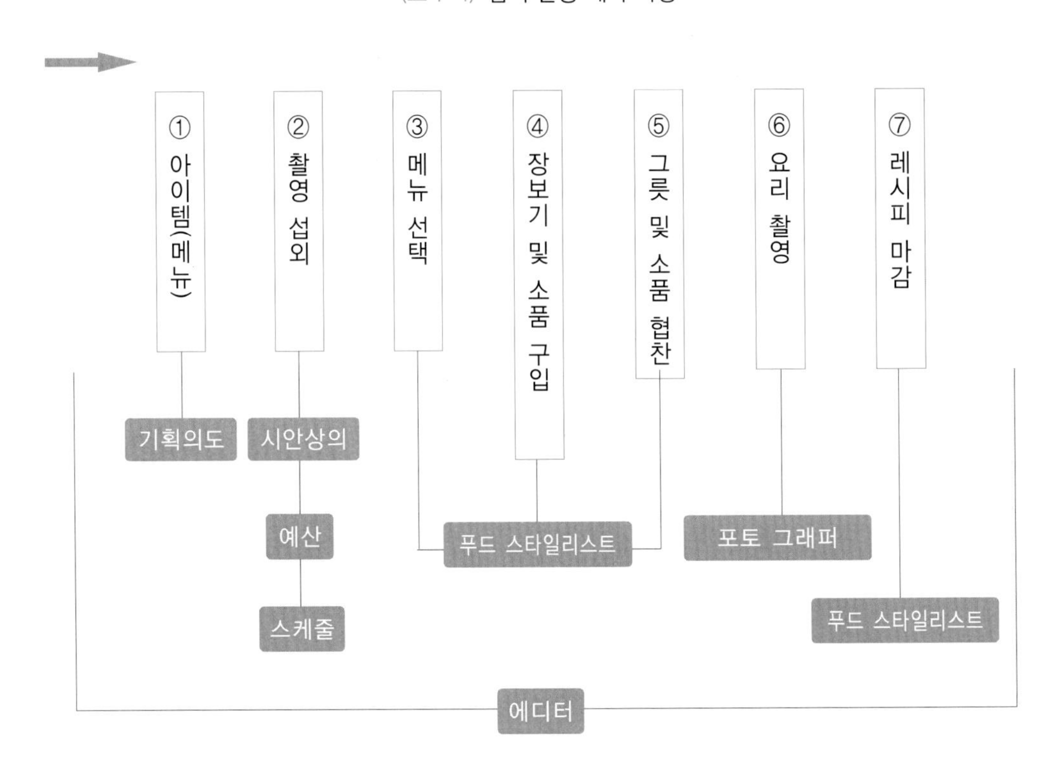

순서 1

Food Design

담당자 김인화 H.P : 019/XXX/XXXX E-Mail : XXXXX@hanmail.net

TO :

컬럼명 (P) :

〈그림 7-1〉 잡지 촬영 시트 사례 1

순서 2

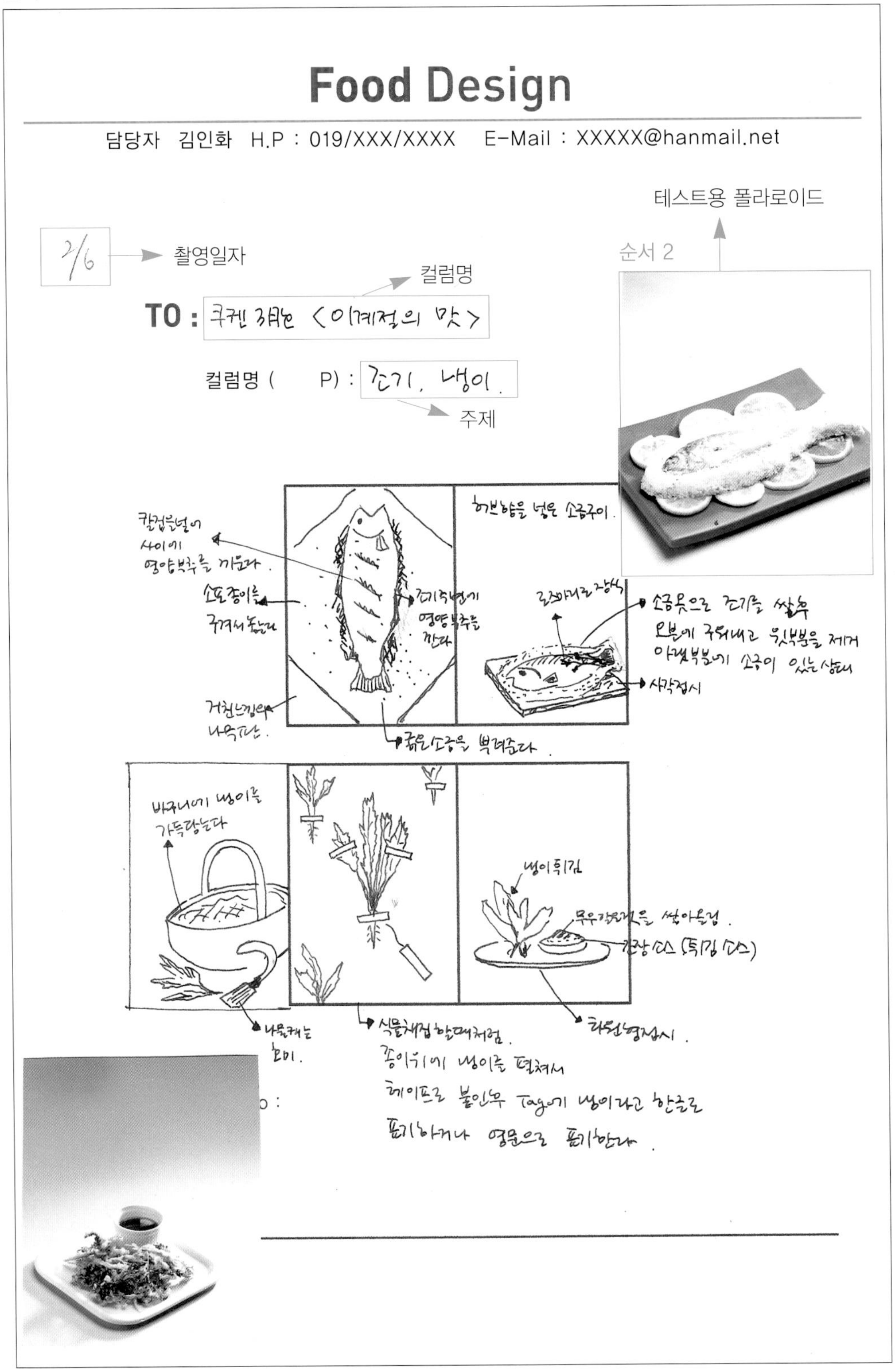

Food Design

담당자 김인화 H.P : 019/XXX/XXXX E-Mail : XXXXX@hanmail.net

테스트용 폴라로이드

2/6 → 촬영일자

순서 2

컬럼명

TO : 쿠켄 3月호 〈이계절의 맛〉

컬럼명 (P) : 조기, 냉이.

주제

칼집을 낸 사이에 영양부추를 끼운다.

소포종이를 구겨서 놓는다

조기주변에 영양부추를 깐다

거친느낌의 나무판.

굵은소금을 뿌려준다.

허브향을 넣은 소금구이.

로즈마리로 장식

소금옷으로 조기를 싼후 오븐에 구워내고 윗부분을 제거 아랫부분에 소금이 있는 상태

사각접시

바구니에 냉이를 가득담는다

냉이튀김

무우강판은 쌓아올림.

간장소스 (튀김소스)

나물캐는 호미.

식물채집할때처럼. 종이위에 냉이를 펼쳐서 테이프로 붙인후 Tag에 냉이라고 한글로 표기하거나 영문으로 표기한다.

하얀원형접시.

o :

〈그림 7-2〉 잡지 촬영 시트 사례 2

순서 3

단백질이 풍부해 원기회복에 좋은 조기

소금옷을 입힌 조기구이

〈그림 7-3〉 잡지 완성 페이지 사례

〈그림 7-4〉 잡지 촬영 현장 사례

2) 요리책

최근 들어 식(食)을 테마로 하는 서적이 많이 나오고 있다. 컨셉도 다양하여 TV의 맛여행 방송을 모은 책이나 요리 프로그램의 교과서, 자연 지향 요리책, 건강과 식사를 연동(連動)시키는 음식의 사진, 블로그나 개인 홈페이지를 통해 요리를 소개하는 것을 엮은 책 등 소비자 요구의 수만큼 서적은 존재한다고 할 만큼 많다. 출판사에 대해 자신의 기획을 제안하는 것도 있는 반면에, 출판사 쪽에서 제안하여 리포트 역할을 맡아달라고 하는 것도 있다. 식에 관한 모든 정보를 항상 섭렵하여 코디네이트 가능한 네트워크와 최근 트렌드에 맞는 정보를 제공할 수 있는 책을 기획해 두는 것도 중요하다.

푸드 스타일리스트는 음식만 스타일링 하는 것이 아니라 때로는 기획과 함께 편집 업무도 함께 수행해야 하는 경우가 있다. 그러므로 요리책 구성시 필요한 기획안을 만들 수 있는 능력도 함께 배양해야 한다.

(1) 기 획

요리책을 기획(planning)할 때 가장 중요한 요소는 요리책의 컨셉과 독자의 타깃층을 분명하게 설정하는 일이다. 출간할 요리책의 컨셉과 독자의 타깃층이 설정되면 요리책을 어떻게 구성할 것인지에 관해 구체적인 기획서를 작성해야 한다.

출판사에서 푸드 스타일리스트에게 직접 요리책을 의뢰할 수 있으므로 기획서 작성 방법에 대해 잘 알아야 한다. 기획서 작성시 기획서의 목적과 기획 방향에 대해 분명히 서술하고, 제작물의 사양과 특이 사항, 그리고 전체적으로 요리책에 포함될 내용에 대한 목록을 구체적으로 적어야 한다.

(2) 촬 영

요리책의 촬영은 잡지의 촬영과 크게 다르지는 않으나 잡지보다 촬영 이전에 보다 철저한 시안 작업과 여러 번의 폴라로이드 테스트를 거친 후 본 촬영 작업에 들어간다. 인쇄물 전체가 컬러로 진행되며, 전체의 요리 사진의 색감이 통일감 있게 디자인 되는 것이 중요하다. 요리책의 표지는 전체적인 책의 내용을 대표하는 이미지이므로 요리 사진의 이미지 촬영을 따로 촬영하거나 요리 사진 중에 씨즐(sizzle)감이 살아 있는 사진으로 신중히 진행하는 것이 좋다.

완성도 있는 작품을 위해 시안 작업은 철저히 준비해야 한다. 그러한 시안을 토대로 요리책의 전체적인 흐름을 일관성 있게 스타일링 할 수 있다. 즉 시안 작업시 요리책의 전체적인 주제와 컨셉에 맞춰 이미지와 레이 아웃이 훌륭한 자료들을 활용하여 사진 이미지를 사전에 구상해 봄으로써 완성도 있는 작품을 창출해 낼 수 있다.

요리 완성 사진과 과정 사진의 디자인을 먼저 에디터(editor)와 상의한 후 음식, 스타일링, 배경, 그릇, 소품, 요리 과정 사진에서의 요리 도구 등 전체적인 느낌이 통일감있게 연출되어야 한다. 또한 요리책의 판형(사이즈), 인쇄 될 종이의 종류와 질감, 제본에 따라 요리책의 디자인 레이 아웃(Lay out)이 결정되므로, 디자인 레이 아웃에 따라 요리 사진의 컷(cut) 수와 책에 들어갈 요리 사진의 사이즈(size)가 결정되므로, 기획 의도에 맞춰 완성도 있는 작품을 연출해야 한다.

〈표 7-2〉 요리책 기획, 제작 과정

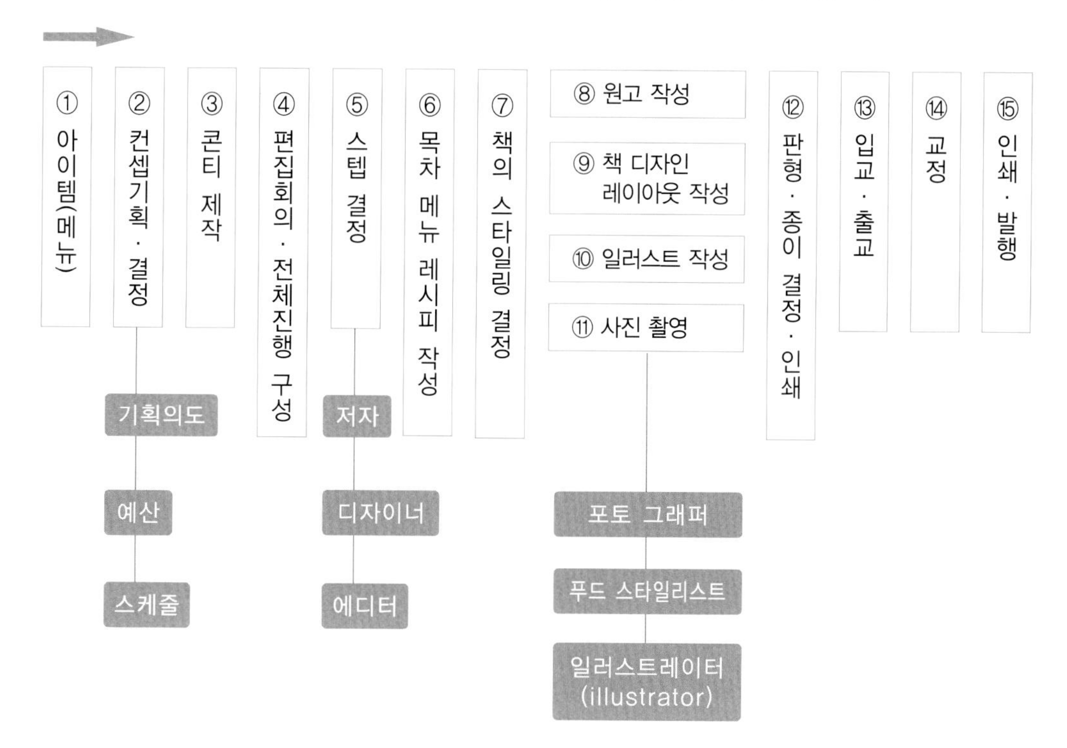

* '캐릭터 도시락' 기획서 사례

1. 요리책 기획 의도

아이에게 어떤 도시락을 만들어 줄까? 최근 초등학교, 어린이집, 유치원 등 많은 교육기관에서 급식을 시행하고 있다. 그렇지만 아직도 야유회나 견학, 소풍 등에서 도시락을 빼놓을 수 없다. 이런 특별한 날 남들과 똑같은 김밥만 고집할 순 없다. 조금만 정성을 들이면 똑같은 모양의 김밥이지만 속은 아주 특별한 김밥을 만들 수 있다. 김밥 속에 토끼, 거북이, 코끼리 등 예쁜 동물 모양이 들어 있다면, 그 날은 친구들에게 최고의 인기 짱이 되어 있지 않을까? 아이의 기를 살려주는 방법은 어머니의 센스에 달려 있다.

2005년 TV 특종 놀라운 세상, 무한지대, 스펀지 검색어에서 화제가 되었던 캐릭터 도시락! 누구나가 쉽게 따라할 수 있는 사랑의 도시락 책을 기획한다.

2. 요리책의 기획 방향과 타깃층

TV 방송에서 독특하고, 예쁘고 신기한 도시락으로 많이 소개되었던 캐릭터 도시락과 김밥이지만, 네티즌 사이에서 '어떻게 만들 수 있어요?' 란 질문을 많이 받던 저자가 아낌없이 알려주는 '사랑의 도시락 책' 을 기획하였으며, 급식이 많은 요즘이지만, 내 아이에게 특별한 것만 해주고 싶어 하는 주부들, 아이들과 함께 요리하면서 아이들에게 창의력과 미술 감각까지 익힐 수 있는 기회가 된다. 또한 항상 독특한 것만 추구하는 신세대들에게 사랑이 담긴 특별한 도시락을 선물하는 계기가 된다.

3. 요리책 디자인과 스타일링 기획

책의 레이아웃(Lay out)은 독자들이 어려워 할 수 있는 '캐릭터 도시락, 김밥' 의 요리 과정을 최대한 쉽고, 자세하게 보여 줄 수 있게 요리 과정 사진들을 구체적으로 기획한다.

캐릭터 도시락 자체가 튀는 스타일이기 때문에 컬러풀한 식재료 컬러를 사진처럼 나타내줄 수 있는 종이질과 사진 작업을 기획하며, 배경 스타일링은 종이, 퀼트 등 쉽게 오리고 붙이는 소재를 이용하여, 귀엽고 심플한 스타일링을 기획한다.

4. 제작물 사양 및 특이 사항

① 사이즈 : 국배판형 (210 × 297)

② 인쇄 부수 : 1쇄 5,000부

③ 종이 재질 : 스노우 아트지

④ 제본 방법 : 중철

「캐릭터 도시락」 요리책 페이지 기획

		분 량	시작 페이지	끝 페이지
	속표지	1p		1
머리말	머리말	2p	2	3
추천사	독자 한마디	2p	4	5
목차	목차	2p	6	7
분량 가늠하기	분량 가늠하기	2p	8	9
밥 짓는 노하우	초밥용 밥 노하우	2p	10	11
조리 도구	조리 도구	2p	12	13
향신료 조미료	향신료 조미료	2p	14	15
보관법	보관법	2p	16	17
예쁜 도시락	특별한 조리 도구	2p	18	19
1부 도비라	1부 도비라	2p	20	21
1부 내용	1부 내용	50p	22	71
2부 도비라	2부 도비라	2p	72	73
2부 내용	2부 내용	44p	74	117
3부 도비라	3부 도비라	2p	118	119
3부 내용	3부 내용	44p	120	163
책속의 책 도비라	책속의 책 도비라	2p	164	165
책속의 책 내용	책속의 책 내용	8p	166	173
INDEX	INDEX	2p	174	175
판권		1p	176	

3) 지면 광고(패키지, 포스터 등)

패키지 스타일링(Package Styling)이란, 식품 포장지에 들어가는 요리 사진을 연출하는 것이다. 배경의 스타일링 보다는 음식 담은 모양에 대해 씨즐을 살려야 한다. 패키지 디자인에 따라 음식 담는 그릇의 컬러, 크기가 중요하다. 뜨거운 음식의 연기를 살릴 경우에는 뒤의 배경 컬러가 어두워야 연기(수증기)가 효과적으로 산다.

① 클라이언트(Client) 입장에서의 비주얼 계획

광고주는 항상 자사 제품의 음식이 맛있어 보이길 바란다. 그러기에 광고주의 의견을 최대한 반영을 해야 하며 광고주의 컨셉에 맞는 계획이 필요하다. 패키지는 계절성 보다는 사계절 질리지 않는 디자인으로 계절의 느낌이 표현되지 않도록 작업하는 것이 중요하다.

② 패키지 디자인 상의

패키지 디자인에 따라 음식의 배경 부분과 베다의 컬러가 달라진다. 일반적으로 패키지를 위한 촬영시에는 베다를 넓게 찍어야 하므로, 디자인 상의는 필수이다. 텍스트의 위치와 크기에 따라 음식의 분위기와 담는 그릇, 소품들이 달라지기도 하기 때문에 정확한 사전 회의가 필요하다.

③ 촬영팀 섭외

포토 그래퍼와 푸드 스타일리스트의 섭외가 완료되면 포토 그래퍼와 촬영 스케줄을 잡고, 패키지 시안 상의를 하며 촬영을 준비한다.

④ 시안 상의

포토 그래퍼와 패키지 디자인 시안 상의를 하며 촬영을 준비한다. 패키지에 들어가는 음식은 되도록 위의 고명이나 음식이 가득 담긴 느낌을 표현하기 위해 큰 그릇 보다는 작은 그릇으로 사용한다. 국물은 되도록 맑고, 탁하지 않게 하며, 고명들은 신선하고 푸짐하게 연출한다. 고명들의 컬러는 균형을 맞추도록 하고, 소품들은 되도록 음식 보다 튀지 않게 연출한다.

⑤ 패키지 제품 테스트

패키지의 상품들은 제품이 완성되기 전에 사진을 먼저 찍을 수도 있으나 냉동 제품일 경우 그대로 쓰기엔 상태가 안 좋을 수도 있다. 패키지에 들어갈 제품들을 먼저 받아보고 촬영에 사용할 수 있을지를 결정해야 한다. 제품이 없을 경우에는 푸드 스타일리스트가 먹음직스럽게 만들 수도 있고, 비슷한 타사의 제품을 사용할 수도 있다.

⑥ 촬 영

푸드 스타일리스트는 패키지의 디자인 시안에 맞는 A, B컷을 준비한다. 시안에 있는 그릇, 소품, 베다 등등의 비슷한 느낌으로 종류별로 준비해서 최대한의 패키지를 완성하도록 노력한다.

⑦ 패키지 마무리 작업

사진 촬영이 끝나더라도 디자이너의 마무리 작업이 필요하다. 패키지의 시안에 따라 음식 촬영의 사진과 패키지 이름의 글자를 앉히고, A안 B안의 디자인이 완성되면, 광고주가 사용여부를 결정한다.

⑧ 제품 포장 인쇄

디자인 작업이 마무리 되면, 패키지의 포장 재질에 따라 음식 사진과 분위기의 느낌이 비로소 완성된다.

〈표 7-3〉 패키지 촬영 제작 과정

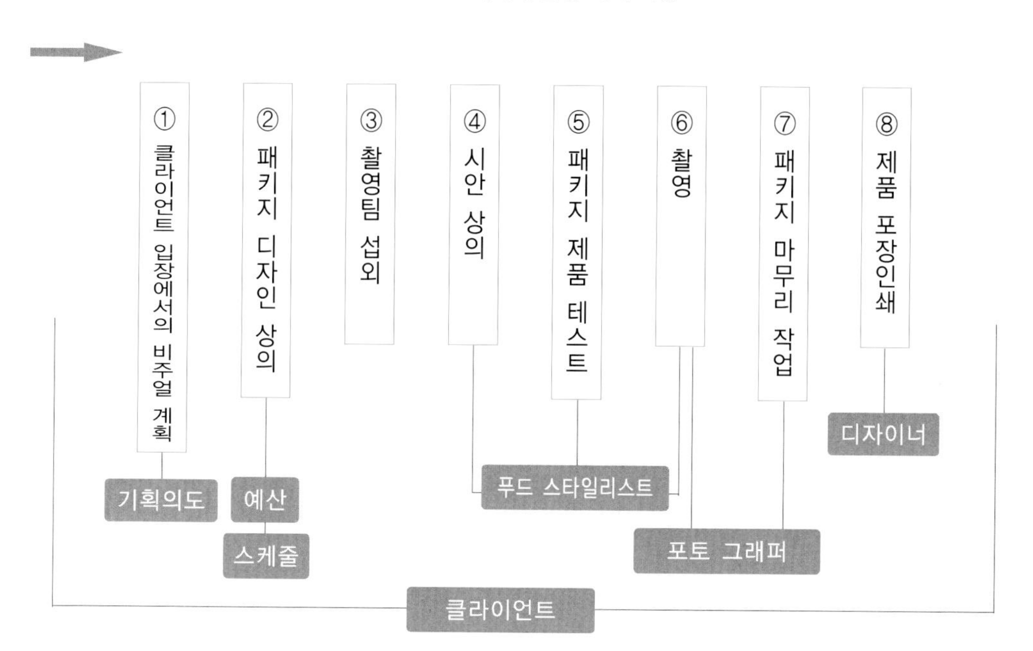

클라이언트에게 수령한 시안

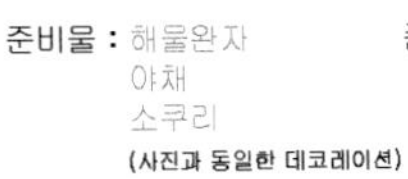

준비물 : 해물완자
야채
소쿠리
(사진과 동일한 데코레이션)

준비물 : 새우완자
나뭇잎(사진과 동일한 것),
긴접시
젓가락
천

준비물 : 나뭇잎(사진과 동일한 것),
생굴(껍데기 있고,안에 굴은 싱싱한 생것으로..-조리하기전! 양념뿌리지 않은상태로!)
접시(색상 동일).
흰천

포토그래퍼가 표시해준 준비 재료

〈그림 7-5〉 패키지 시안 사례

꽂아주는 야채스틱의 길이와 굵기를 조절하여 발란스를 맞춘다.

완자의 둘레와 표면을 깔끔하게 마무리 한다.

굴의 볼륨을 살리기 위해 굴아래 휴지를 채운다.

〈그림 7-6〉 패키지 완성 사진 사례

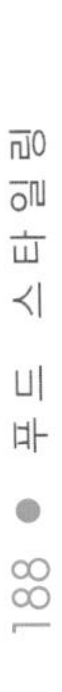

4) 외식 업체의 메뉴판

메뉴는 우리말로 '차림표' 또는 '식단' 이라는 말로 사용되고 있다. 메뉴는 외식업체와 고객이 상호 커뮤니케이션을 하는 기능을 갖고 있다. 고객은 메뉴가 전달하는 메시지를 받아들이고, 그에 따라 메뉴 선택을 하는 것이다. 메뉴는 고객과의 케뮤니케이션의 도구이다. 메뉴판은 광고와 마찬가지로 '고객에게 무엇을 살 수 있는가?' 를 직접적으로 알려주는 도구이다. 제대로 구성된 메뉴는 외식업체의 수익을 높이고, 고객에게 만족을 줄 수 있는 훌륭한 광고 및 판매 매체가 된다. 최근 스타일리시하게 디자인된 메뉴판은 레스토랑의 시각적 비주얼 요소에도 포함되며, 각각의 음식의 항목을 적절하게 분류하여 작성된 메뉴판은 상품 판매의 중요한 역할을 한다. 이렇듯 메뉴를 효율적인 판매 수단이 되도록 디자인 할 때는 씨즐감 있는 음식 사진, 주력할 음식의 배열 및 내용, 시각적 구성, 지면의 구성과 종류, 활자체 등 메뉴판의 제작에 따른 여러 요소들이 조화를 이루도록 해야 한다.

(1) 메뉴판 제작 과정

① 클라이언트 입장에서의 비주얼 계획

클라이언트(레스토랑)의 컨셉에 따라 비주얼 계획이 이루어져야 한다. 메뉴북은 업체의 인테리어와 비주얼 부분에 속하므로 업체의 비주얼 계획 하에 이루어져야 한다.

② 메뉴판 디자인 아이디어 회의

업체의 '레스토랑 아이덴티티(Restaurant Identity)' 에 따라 관리자와 조리사, 그래픽 아티스트, 디자이너, 컴퓨터 전문가들의 협의 하에 디자인 된다. 메뉴북의 전체적인 외형은 업체의 이미지와 개성을 결정하는 데 중요한 역할을 하므로 신중히 디자인 해야 하며, 메뉴북에 담길 로고, 업체의 메뉴 리스트에 따라 메뉴 북 포맷(menu book format)이 결정된다.

③ 메뉴 리스트 촬영 계획

업체의 메뉴 리스트에 따라 이미지 컷과 단품 메뉴 컷 수가 결정되면 리스트에 맞춰 촬영을 준비한다.

④ 촬영팀 섭외

포터 그래퍼의 전문 영역이 있으므로 포토 그래퍼의 작업 내용을 검토 후에 섭외하는 것이 좋다. 디자인 시안대로 촬영 가능한지 여부에 관해 논의하도록 한다.

푸드 스타일리스트의 섭외 이후 메뉴북의 디자인에 삽입될 메뉴 사진들과 고객들에게 업체의 이미지를 문자보다 빠르게 인지시켜 줄 이미지 컷의 시안을 논의한다.

⑤ 촬 영

메뉴북에 음식 사진의 경우에는 사진과 동일한 음식을 제공한다는 업체와 고객과의 약속이 되므로, 허위 과정 없이 음식을 맛있게 연출하는 것이 중요하다. 특히 메뉴에서 제공되는 개수가 중요하다. 약간의 변형이 있을 수도 있지만, 업체에서 고객에게 제공되는 음식의 구성에 따라 스타일링을 연출하는 것이 중요하다.

⑥ 메뉴판 편집 디자인

메뉴북은 고객들이 읽어서 빠르게 인식할 수 있어야 하며, 고객들의 흥미를 일으킬 수 있어야 한다. 수익성 또는 판매량을 높이고자 하는 품목은 고객의 시선이 끌릴 수 있도록 디자인한다. 그러나 강조하는 메뉴 품목이 많으면 시선을 분산시켜 오히려 역효과가 발생하므로 2~4가지 정도의 품목만을 강조하는 것이 효과적이다.

⑦ 인 쇄

디자인에 맞는 소재와 재질에 따라 인쇄하는 것이 중요하고, 음식 사진과 이미지를 잘 살릴 수 있으며 디자인 컨셉과 잘 어울리는 지류를 선택하여 인쇄한다. 메뉴북에 실리는 음식 사진의 컬러 보정도 중요하다. 전반적으로 블루나 그린톤의 사진은 피하는 것이 좋다. 음식의 씨즐이 잘 살아 있는지 검토한다.

〈표 7-4〉 메뉴북 제작과 촬영 과정

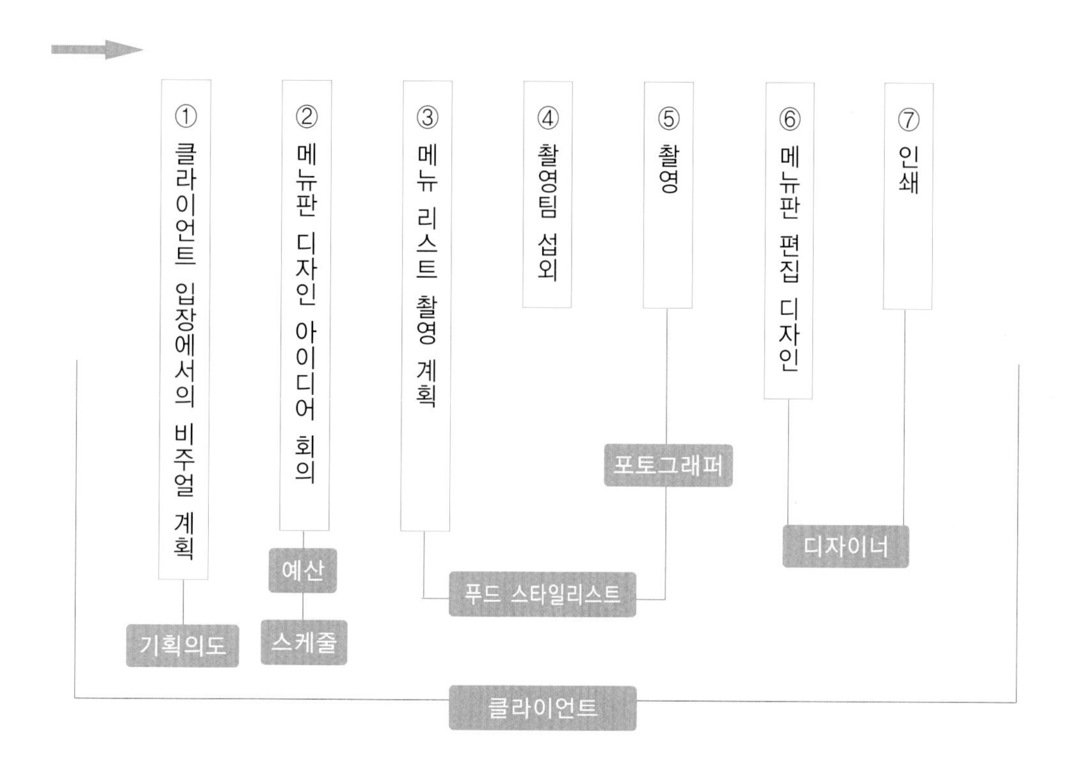

〈표 7-5〉 외식 업체와 고객의 메뉴 커뮤니케이션

외식 업체		푸드 스타일리스트의 역할		고 객	
메세지 의미의 고려	• 컨셉 • 정보 • 직관 • 경험	컨셉 고려	• 디자인 시안에 맞는 스타일 결정	메시지의 접수	• 메시지 해석 • 메시지를 받은 후의 개인적 취향으로 선택
단어 또는 심볼로의 표현	• 목표 • 정책 • 철학 • 담고자 하는 내용과 방법	시각적 비주얼 이미지 표현	• 업체의 특성에 맞는 독창성 고려 • 업체의 이미지와 컬러 표현	단어와 심볼 해석	• 해독 • 가치 인지 • 기대
인쇄된 메뉴를 통한 메시지 전달	• 표지 • 광고문안 • 인쇄 • 색상 • 예술성 • 위치	씨즐감 표현	• 먹음직스러운 음식 연출	의미의 이해와 수용	• 행동 • 원하는 메뉴 구매 • 수익성 메뉴 구매 • 업체 가치 인정 • 업체 재방문

Lunch Special

고메고메
항아리숙성 고기전문점

고메고메

음양오행정식

Yin-Yang and the Five Elements Tabled'hote ₩ 6,000

음양오행정식은 한의학의 음양오행의 원리를 바탕으로 오행에 맞는 음식을 요일별로 먹음으로써 현대인의 건강을 지키는데 도움을 줍니다.

오행	오장	오색	오미	메뉴
月	비장	황색	단맛	해물된장전골 제육볶음
火	심장	적색	쓴맛	김치전골 조기구이
水	신장	흑색	짠맛	소고기버섯전골 녹두전
木	간장	청색	신맛	황태버섯전골 탕수육
金	폐장	백색	매운맛	대구지리전골 모듬튀김

(상기메뉴는 계절에 따라 변동 될 수 있습니다.)

국수전골 ₩ 9,000

Spicy Boiled Beef & Noodles Stew (1인분)

낙곱전골 ₩ 12,000

Beef Intestine and Octopus Simmered Dish (1인분)

버섯불고기

Pan-Fried Beef with Mushroom (1인분)

〈그림 7-7〉 메뉴북 디자인 사례

2. 영상 매체

영상 촬영은 크게 제품 광고 촬영과 방송 촬영으로 나눌 수 있다. 광고를 하기 위한 스타일링은 제품을 돋보이게 해야 하기 때문에 시즐에 중점을 둔다면 방송 촬영에서의 스타일링은 방송의 분위기와 흐름에 맞는 작업을 진행하여야 한다.

1) CF

CF는 commercial film의 약칭으로 텔레비전에 방송되는 광고를 지칭한다. 1930년대 상업 방송을 시작으로 50년대에 매스미디어로 자리잡은 TV 광고는 컬러 방송의 도입으로 식감이 살아 있는 음식 광고의 재현이 가능해졌다. TV-CF는 영상, 문자, 음성, 상표, 효과음 등으로 구성되는데, 짧은 시간 내에 상품에 관한 강한 메시지를 시청자에게 전달하여 상품을 홍보하여 판매율을 높이는 데 그 목적이 있다. CF는 30초 예술이라고 하고, 2~3초 내의 짧은 시간 안의 씨즐감이 소비자의 구매력을 결정하므로 철저한 사전 준비가 필요하다.

(1) CF 제작 과정

① 제작 의뢰

CF의 기획 단계는 두 가지 유형이 있다. 광고주와 광고 대행사가 기획을 행한 다음 완성된 기획을 프로덕션에 의뢰하는 형태와 광고 대행사를 거치지 않고 직접 광고주가 기획한 기획안을 프로덕션에 제시하여 제작을 의뢰하는 형태로서 이와 같은 유형들은 오리엔테이션(orientation) → 플래닝(planning) → 프리젠테이션(presentation) 기획 설정의 과정을 거친다.

〈오리엔테이션〉

오리엔테이션(orientation)은 광고주가 광고 대행사에 새로운 제품의 소재 및 특성, 구체적 과제 그리고 광고주의 의견과 진행 방향을 전달한다. 일반적으로 광고 대행사의 광고 기획자가 광고주로부터 광고를 수주하면 대행사 PD와 협의하여 프로덕션을 선정하고, 대행사 PD가 프로덕션의 감독 및 기획팀 참석하에 오리엔테이션을 진행한다.

* 오리엔테이션 체크 리스트
① 광고주가 제시하는 광고의 목적과 구체적 과제
② 광고주가 제시하는 전략
③ 광고의 예산 ④ 광고의 기간
⑤ 광고의 지역 ⑥ 상품의 주요 특징

② 기획 회의

오리엔테이션의 내용을 바탕으로 광고 컨셉에 맞는 아이디어를 구성하고, 제품과 경쟁사 CF 및 외국 CF를 비교 분석하여 몇 가지 시안을 작성하여, 대행사 PD와 상의 후 콘티 라이터에게 작화를 의뢰한다.

* 광고 표현 개발 시 체크 리스트
① 광고 목적 ② 기획, 문제점
③ 기대 효과 ④ 타깃
⑤ 타깃의 현재 생각 ⑥ 설득에 유효한 정보
⑦ 지원 정보 ⑧ 브랜드 이미지
⑨ 매체, 예산 조사

③ 콘티 (스토리보드)

스토리보드(story board)란 TV-CF나 애니메이션에 있어서 장면의 전개를 설명하기 위해서 간단한 스케치를 그려서 패널화한 것이다. 일명 '콘티' 라는 명칭으로 많이 쓰이며 콘티(conti)는 'continuity' 의 준말이다. 스토리보드는 그림 콘티를 말하며 문장만으로 구성된 시놉시스(synopsis)와는 구별된다. 콘티는 visual, audio, story, title 등으로 구성된다. 덧붙여 TV-CF의 성패는 콘티의 좋고 나쁨에 따라 좌우된다. 콘티 제작은 보통 전지 사이즈의 보드나 블랙 컬러의 우드락을 사용하여 제작하는데, 3~4개 정도 작화한다.

* 스타일링 방향 체크 리스트
① tone & mood ② color
③ visual type ④ sizzle

④ 프리젠테이션

'제시' 라는 뜻을 가진 프레젠테이션은 약자로 'PT' 라고 흔히 부른다. 광고주의 합의, 결정을 받아내기 위해서 기술적이고 전략적인 방법으로 제시하는 모든 행위를 말한다. 프로덕션이 광고 대행사나 광고주에 대해 행하는 특정 캠페인에 관한 크리에이티브, 기획, 마케팅과 광고 활동에 관한 특정 문제까지도 포함된다.

⑤ 모델 선정과 스태프 구성

제품의 이미지에 맞는 모델을 선정하며, 모델이 결정되면 감독의 주도 하에 스태프들을 구성한다. 주요 스태프들은 촬영, 조명, 스타일리스트, 메이크업, 동시 녹음, 편집, 안무, 음향, 아트 등으로 구성된다.

⑥ 스태프 제작 회의

촬영, 조명, 동시 녹음, 편집, 스타일링 등 주요 스태프들과 감독이 짠 촬영 콘티에 맞게 촬영 및 조명 기자재, 촬영 테크닉 등 CF 제작 전반적인 세부 사항들을 검토하고 준비하는 단계이다.

⑦ PPM(Pre Production Meeting) 준비

PPM은 감독이 대행사와 광고주에게 제작 의도를 설명하는 자리이다. 프리 프로덕션 미팅으로 촬영에 들어가기 전에 해당 광고 제작을 담당할 감독과 광고주가 만나 광고 제작 전반에 걸쳐 이해, 합의하는 과정이다.

PPM에 참석하는 사람은 광고주, 마케팅 담당자, 대행사 마케터, AE, CD, 카피라이터, CP, 프로덕션 감독, 스타일리스트, 코디네이터이다.

*** PPM 내용 체크 리스트**

① 촬영 콘티에 관한 자세한 설명 ② 30, 20, 15초로 구분한 편집 콘티 제시
③ 촬영지 현황 ④ 연기자의 의상 샘플
⑤ 세트의 설계도 및 색깔 ⑥ CF의 전반적인 컬러톤
⑦ 촬영 스케줄 ⑧ 제품 촬영 방법 및 제시 방법
⑨ 자막의 위치 및 제시 유무 ⑩ 카피 제시
⑪ 나레이션 성우 명단 제시 ⑫ 배경 음악 및 CM송 제시
⑬ 건의 사항 및 제품 수배

⑧ 촬영(shooting)

옥외에서 하는 촬영을 로케이션, 다른 사람의 건물을 빌려서 옥내에서 하는 촬영을 로케세트, 스튜디오에서 촬영하는 것을 세트 촬영이라 부른다.

⑨ 마무리 작업

VTR 편집실로 가져가서 필요한 컷을 고르는 작업이다. 일단 화면의 편집이 정확한 초수대로 끝난 후 편집본 시사회를 갖는다. 편집본 시사회가 통과된 다음, 녹음할 문안 검토, 녹음실, 성우, 음악 효과 등을 고쳐 완성한다. 완성된 광고는 광고주 측과 함께 최종 시사회를 갖는다. 넘긴 작품은 방송광고 심의신청서 양식에 소리 부문을 제출하여 방송위원회의 심의를 받는다. 방송 심의필증과 함께 각 매체에 방송용 테이프를 전달하는 것으로 제작은 완료된다.

〈표 7-6〉 CF 제작과 촬영 과정

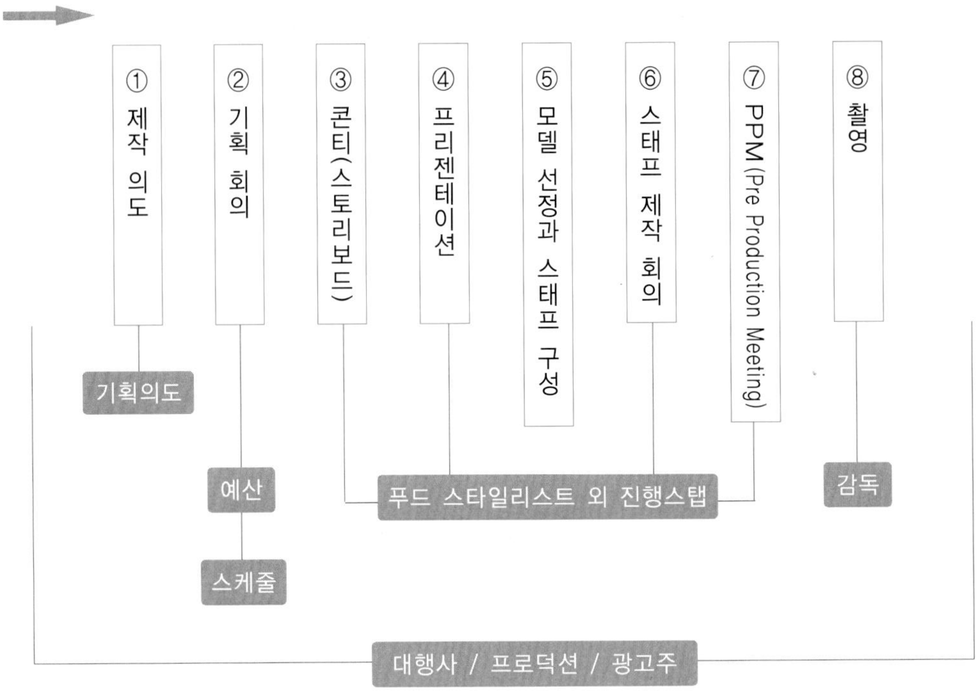

① 제작 의도
② 기획 회의
③ 콘티(스토리보드)
④ 프리젠테이션
⑤ 모델 선정과 스태프 구성
⑥ 스태프 제작 회의
⑦ PPM(Pre Production Meeting)
⑧ 촬영

기획의도
예산
스케줄
푸드 스타일리스트 외 진행스탭
감독
대행사 / 프로덕션 / 광고주

TV - CM **레스토랑 30"**

NA) 향후 10년간

대한민국을
거뜬히 먹여살릴

최고의 수출산업은
무엇입니까?

〈그림 7-8〉 PPM 스토리 보드 사례

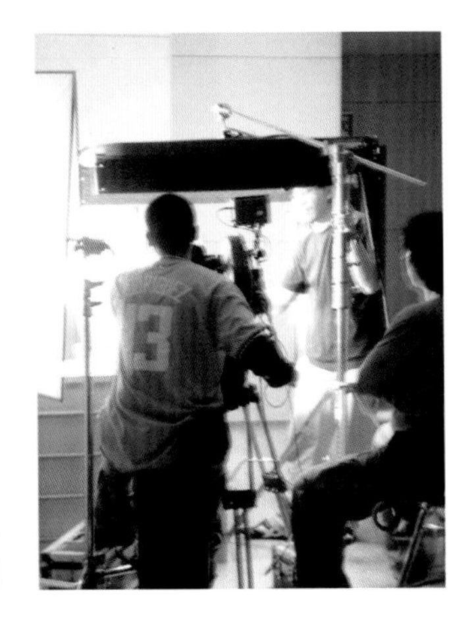

〈그림 7-9〉 CF 촬영 현장 사례

2) 방 송

방송에서 푸드 스타일링은 크게 기획, 섭외, 시안 상의, 푸드 스타일링 준비, 촬영 및 편집, 방송 순으로 진행된다. 방송에서 푸드 스타일링시 가장 중요한 요소는 그 프로그램의 기획 의도와 성격에 맞는 컨셉으로 진행하는 것이다. 따라서 푸드 스타일리스트는 프로그램에 대한 정확한 이해를 통한 촬영 준비를 하여야 한다.

(1) 방송 제작 과정

① 기 획

방송에서 가장 중요한 요소는 아이템 선정이다. 프로그램의 성격을 정확히 파악하고 푸드 스타일리스트에게 요구하고 있는 것이 무엇인지에 대한 이해가 있어야 한다. 프로그램에 따라 버라이어티한 쇼를 요구하는 프로그램부터 지식 전달을 요구하는 프로그램까지 다양함으로 작가와 피디는 그러한 내용을 참고하여 기획을 한다.

〈표 7-7〉 방송에서의 트렌드 아이템

아이템	종 류
트랜드 아이템 (trend item)	그 해 또는 그 시대의 트랜드(trend)를 반영한 아이템 : 건강 음식(well-being food), 올리브유(oliv oil), 유기농 식품(organic food), 컬러푸드(color food), 민족성 음식(athnic food) 등
계절 아이템 (season item)	계절을 반영하는 아이템 : 봄(두릅, 돗나물), 여름(수박 화채, 냉면), 가을(송편, 밤, 대추), 겨울(김장, 크리스마스 만찬 등)
식문화 아이템 (food culture item)	한 국가를 대표하는 음식 아이템 : 태국의 톰얌쿵, 인도의 카레, 멕시코의 또딜라, 이탈리아의 파스타, 한국의 김치와 불고기, 일본의 생선초밥 등
영양학적 아이템 (nutrition item)	영양과 관련된 음식 아이템 : 블랙푸드(검정콩, 검정두부), 레드푸드(토마토, 석류), 화이트푸드(마늘), 균형식(balanced Food), 건강기능성 식품(스쿠알렌), 스포츠 음료(포카리 스웨트)
테이블 세팅 (table setting)	테이블 소품(클로스, 매트, 커틀러리, 냅킨, 네임카드), 손님 초대 상차림 등

② 섭 외

기획하고자 하는 프로그램의 방향이 설정되면 주제에 대한 내용을 전문적으로 잘 연출하고 표현할 수 있는 푸드 스타일리스트를 섭외한다. 이 과정에서 프로그램의 성격에 따라 쇼 오프를 할 수 있는 스타일리스트를 요구하는 경우도 있음으로 방송에 관련된 일을 하고 싶어하는 경우 약간의 엔터테이너적인 기량이 필요한 경우도 있다. 촬영에 응하지 못하는 경우나 특별한 상황이 있는 경우 촬영 협조 공문을 보내기도 한다.

③ 시안 상의

시안이란 촬영에 들어가기 앞서 관련된 내용을 시범적으로 만들어본 안을 뜻한다. 정해진 내용을 어떻게 연출하고 진행할 것인가에 관련된 내용이 작가와 피디에 의해 결정되면 그 내용을 스타일리스트에게 전달하고 전달된 내용을 파악한 스타일리스트와 작가와의 의견 조율을 하게 된다. 어떠한 요리, 내지는 세팅을 보여줄 것인지와 대본 협의가 이루어진다.

④ 준비 및 촬영

시안을 잡은 후 스타일리스트는 2~3일에서 1주일 정도의 여유를 지니고 촬영 준비를 한다. 소품을 구하고 의뢰하는 과정과 시장을 보는 과정이 이에 속하게 된다. 이 과정에서 협의된 내용의 재협의가 이루어지게 된다.

대본도 이 때 수령하게 되는데, 촬영에 관련된 전반적인 이해와 준비를 하는 과정이 된다.

⑤ 편 집

촬영이 진행된 후 편집을 통해 방송이 방영된다.

〈표 7-8〉 방송 촬영 과정

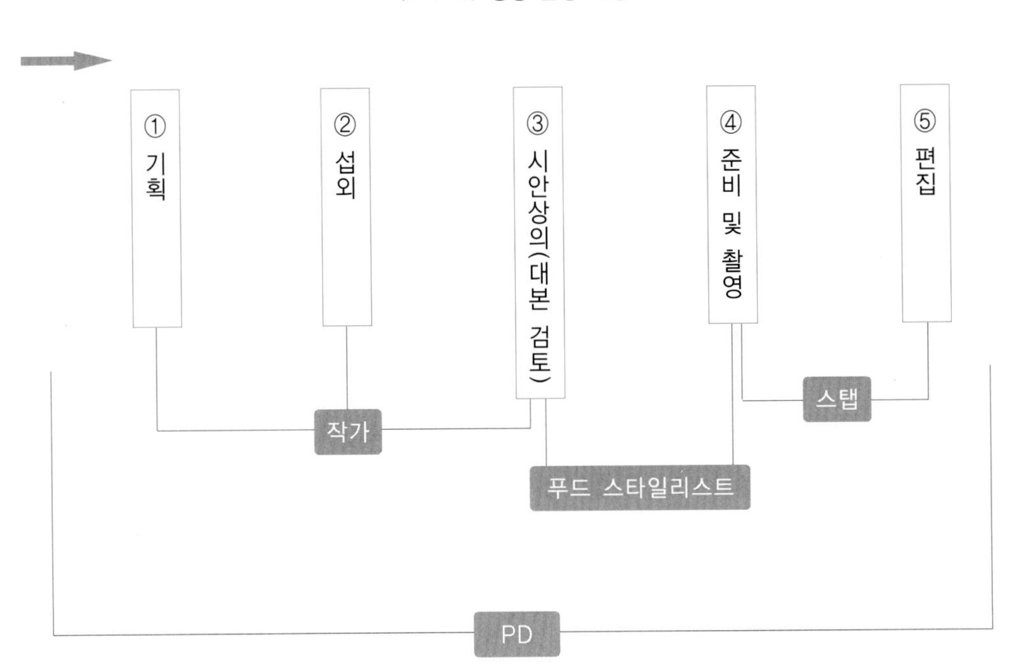

촬영 협조문

수 신 : 동부산대학 푸드 스타일리스트과 유한나 교수
발 신 : KBS 부산총국 '네트워크 참 TV' 제작팀
내 용 : 방송촬영 협조 요청

1. **프로그램명** : KBS 네트워크 참 TV

2. **프로그램 소개**

: 〈KBS 네트워크 참 TV〉는 부산, 대구, 창원권
1,200만 영남지역민의 삶의 질을 높여줄 본격적인 지역정보 프로그램으로,
KBS대구, 부산, 창원총국이 공동 제작해 영남권 전역으로 방송됩니다.
영남권의 인적, 물적 인프라 정보의 유통의 장이 될 이 프로그램은
영남 지역민들의 총체적 웰빙을 증진시켜드리는 것을 목적으로 만들어집니다.

3. **촬영 일시** : **2007. 6. 26일 (화) 오후 3~5시**

4. **방송 일시(예정)** : 2007. 7. 8 (일) 08 : 10~09 : 00

5. **촬영 내용**

〈워터디톡스 – 물이 몸을 치유한다(가제)〉 VCR 15분 분량
: 해수요법 / 워터테라피 / 미네랄 워터 / 아쿠아운동/ 워터디독스 요리

6. **담당자** : * * * 피디(010-* * * *-* * * *), * * * 작가(010-* * * *-* * * *)

KBS 부산총국 TV 편성제작부장

〈그림 7-10〉 촬영 협조문 사례

184회 결정 맛 대 맛　　　　　　　　　**촬영 구성안**
크리스마스 홈 파티

[2분할] 동양요리 : 서양요리
→ (각 화면 빙글빙글~돌아가면서 전환)
→ (동양요리: ＊＊＊, 유한나 / 서양요리: ＊＊＊, ＊＊＊)

동양 요리		서양 요리	
↓ ↓		↓ ↓	
① ＊＊＊	② 유한나	①＊＊＊	② ＊＊＊

NA) 친숙한 맛 대 색다른 맛!
그 맛과 멋을 위해
최고의 푸드 스타일리스트와
파티 플래너가 만나 선보이는
맛 대 맛 특집, 크리스마스 홈 파티!
개봉 박두 –

▣ 동양편 전통의 멋과 맛
[은은한 cf 간지와 BG] 푸드 스타일리스트, ＊＊＊ ⇒ 옆모습 컷
sov그리운 그 맛 그대로..

[은은한 cf 간지와 BG] 파티 플래너, 유한나 ⇒ 옆모습 컷
sov신비로운 느낌 그대로...

[2분할 : *** & 유한나]
NA) 먼저 전통의 맛과 멋을 살린 홈 파티!

파티플래너 유한나 SOV + 〈스크롤〉 경력 자막
SOV) 홈 파티의 경우
처음 마주치는 현관이
그 파티의 첫 인상이 되죠..

세팅① : 붉은 색과 골드가 잘 조화를 이룬
테이블 보와 푹신한 방석
NA) 파티 음식을 놓을 테이블은
화려한~ 붉은 색과
신비로운~ 골드로
고급스러움을 살리고..
세팅②-1 : 각기 다른 그릇에 음식 세팅 이뤄지고...
세팅②-2 : 그릇 · 상자 · 책을 활용해 각 음식의 높낮이 다르게..
파티플래너 유한나 SOV

a. 음식 3가지 선정
b. 각 음식에 어울리는 접시 선정
c. 음식과 접시의 세팅 컨셉 간단히 설명
d. 그릇과 상자, 혹은 책을 이용해 받침 세팅 노하우 설명

"— 음식의 경우에는 —를 살리기 위해서
—한 그릇으로 —게 세팅해야 좋다"

〈그림 7-11〉 촬영 대본 사례

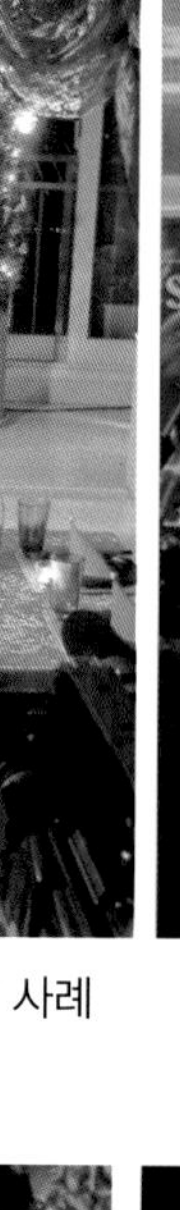

〈그림 7-12〉 방송 촬영 현장 사례

〈그림 7-13〉 '맛대맛' 방송 촬영 완성 컷 사례

part.8

포트폴리오 작성법

1. 포트폴리오 개념
2. 포트폴리오의 중요성
3. 포트폴리오의 구성
4. 포트폴리오에 들어갈 내용

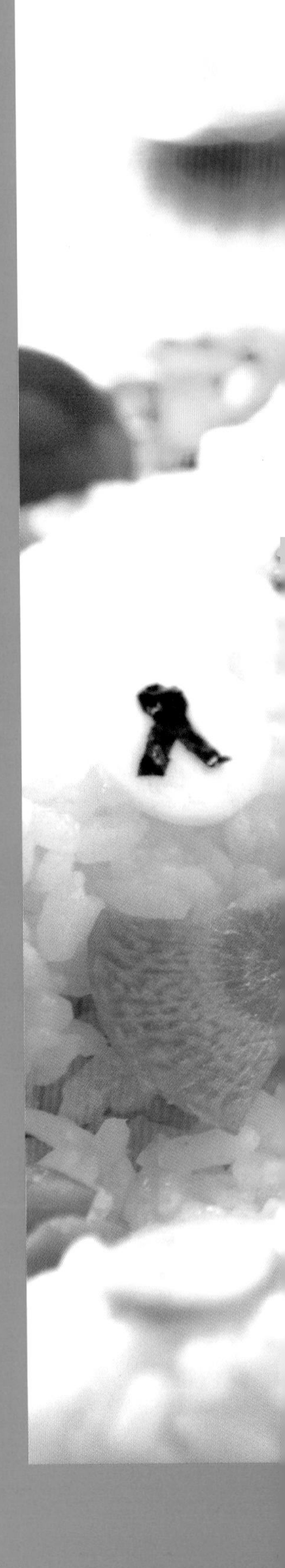

part. 8

1. 포트폴리오 개념

푸드 스타일리스트에게 있어서 포트폴리오란 어떤 의미를 지니고 있는가?

일반적으로 포트폴리오라고 하면 디자이너의 작품집이라는 인상이 강하다. 그렇지만 그 의미를 더욱 자세히 들여다보면 포트폴리오는 단순히 작품을 보여준다는 의미를 넘어서서 작가의 색채와 느낌을 상대방에게 전달할 수 있는 하나의 소통 체계라고 할 수 있다. 여기서 말하는 색채는 실제의 색을 말하는 것이 아니라 작품의 색, 즉 분위기를 뜻한다. 그러므로 포트폴리오는 작가의 세계와 가능성을 보여준다. 이러한 포트폴리오는 디자이너에게만 국한된 것이 아니라 자신의 창작 활동을 하는 모든 영역에 있어서 필요로 되어지는 부분으로 자리 잡았다.

푸드 스타일리스트에게 있어서 포트폴리오는 푸드 스타일리스트의 창의적인 마인드와 철학, 그리고 이를 바탕으로 만들어지는 창작물의 결과를 보여주는 하나의 미디어로 정의할 수 있다. 작품 자체는 기본으로 중요하며 포트폴리오를 제작, 구성하는 데에 있어서 자신의 창의적인 면을 부각시켜 가장 명확하게 아이덴티티를 보여줄 수 있도록 구성할 필요가 있다.

푸드 스타일리스트는 자신을 잘 표현하여야 한다. 특히 자신의 작품을 잘 배열, 조합하여 자신의 목적에 맞는 포트폴리오를 만드는 일은 굉장히 중요하다.

포트폴리오는 푸드 스타일리스트에게 있어서 자신을 알리는 가장 유용한 커뮤니케이션의 도구, 즉 미디어이다. 또한 자신의 작품을 통해서 자신을 보여줄 수 있는 또 다른 형태의 자기 소개서이며 이력서이다. 푸드 스타일리스트가 작품을 통해서 평가를 받는다는 것을 감안한다면 결코 간과해서는 안되는 중요한 하나의 의미를 지니고 있다.

실제로 수많은 작품 이미지들을 한데 모아 일목요연하게 편집하고 체계화하여 일관된 흐름으로 작가의 작품을 보여주는 것이 포트폴리오의 주된 목적이다. 잘 짜여진 이미지의 총체로서의 포트폴리오는 그 어떤 개별적인 이미지보다 강력한 위력을 발휘한다.

절대 잊지 말아야 할 것은 포트폴리오의 본질적인 의미이다. 무엇을 위해 만드는지, 과연 어디에, 어떤 방법으로 쓰여질 것인지에 대한 깊이 있는 이해와 생각에 의해 효율적인 포트폴리오를 만들 수 있다. 그럼 훌륭한 포트폴리오를 만들 수 있는 요소는 무엇일까?

1) 전 략

포트폴리오는 여태까지 해왔던 작업과 자료를 가지고 상대방을 설득하는 가중 중요한 도구이다. 따라서 자신이 가지고 있는 장점, 약점, 전문성과 같은 부분을 파악해야 한다. 이상을 바탕으로 어떤 식으로 전개해 나가야 할지에 대한 전략을 설정한다.

2) 작품 중심

포트폴리오 제작을 하다보면 본질을 잃어버리는 경우가 생긴다. 포트폴리오의 주인공은 작품이라는 것을 반드시 잊어서는 안된다. 작품을 돋보이게 하기 위하여 포트폴리오 제작을 하는 것이지, 포트폴리오를 보여주기 위한 요소로 작품이 존재하는 것이 아니다.

3) PR 도구

포트폴리오는 취업, 진학, 홍보 등을 위해 자신을 PR하는 하나의 도구이다. 따라서 포트폴리오 안에 들어가는 작품의 구성과 형태는 자신을 가장 명확하게 프레젠테이션 해줄 수 있는 형태로 작업을 하여야 한다. 그러한 작업을 통하여 자신이 원하는 커뮤니케이션을 끌어낼 수 있는 역할을 해줄 수 있어야 한다.

2. 포트폴리오의 중요성

모든 창작 작업을 하는 직업들은 자신의 포트폴리오를 가지고 있어야 한다. 미래에 자신을 고용할 기업이나 관련된 사람들에게 자신의 작품을 소개할 때 반드시 요구되는 시각적 참고 자료가 바로 포트폴리오이기 때문이다. 관련 회사의 직원이든 아니면 프리랜서이든 일을 찾는 입장으로서 자신을 소개하는 가장 정통적인 방법이 바로 포트폴리오를 제작해 보이는 것이다. 포트폴리오는 단순히 창조적인 능력을 보여주고 자기 홍보를 하기 위한 수단으로서만이 아니라 작가 자신의 독특한 '스타일'과 표현 능력을 정의한다는 점에서도 의의가 있다.

작가 자신이 가지고 있는 생각과 느낌을 사진 혹은 작품을 통해서 어떤 방법으로 표현하여 클라이언트에게 가장 효과적으로 전달할 수 있는가에 따라 포트폴리오의 성패가 좌우된다. 창의성, 철학, 독창적인 창작 능력이 돋보이는 포트폴리오는 언제나 눈에 띄게 마련이다. 무엇보다 주안점을 두어야 할 것은 작가 스스로가 좋아하고, 진정 하고 싶은 작업이 무엇인가를 보여주는 것이다.

작가는 자기가 보여준 만큼 얻을 수 있다는 사실을 기억해야 한다.

예를 들어, 테이블 스타일리스트를 하고 싶은 사람이라면 푸드 스타일링 작품을 포트폴리오에 끼워 넣을 필요가 없다. 자신이 원하는 바와 방향을 설정하고 그에 대한 목표를 분명히 정의한 후에 그에 적합한 작품을 선정하여 포트폴리오를 제작해야 한다.

3. 포트폴리오의 구성

완성된 형태만 볼 때 포트폴리오는 인쇄된 작품 샘플을 모아 놓은 책의 형식과, 포지티브 필름 트랜스패런시(Transparencies)나 슬라이드 필름을 상자에 모아둔 박스 형식 등 두 가지가 가장 일반적이다. 포트폴리오에 들어가는 작품 샘플로는 원본 혹은 오리지널 작품, 사진으로 찍은 인화지, 복사 또는 출판된 인쇄물에서 잘라낸 낱장 형태 등 종류와 표현 방식에 상관없이 자신을 가장 잘 나타낼 수 있는 표현 방법을 선택하면 된다. 그러나 보여주는 종류의 형태는 한 가지로 통일하는 게 좋다. 인화지이면 인화지, 슬라이드면 슬라이드 한 가지로 통일을 해야지 여러 종류가 섞이게 되면 단정하고 통일된 느낌이 떨어지게 된다. 포트폴리오 제작에서 일관성과 통일성은 가장 핵심적인 요소이기 때문이다.

포트폴리오의 형태는 마운트를 이용한 포트폴리오 박스 형태, 바인더 형식의 형태, 코팅 처리된 인화지와 35mm 슬라이드가 있다.

음식 사진 같은 경우 4×5 또는 8×10인치 슬라이드 필름을 11×14인치짜리 검정색 무광택 마분지 마운트에 고정시키는 것이 보통이다.

코팅 처리된 인화지는 제작비가 비싸고 손상되기가 쉽다. 따라서 이상적인 형태의 포트폴리오 양식이라고는 보기 어렵다. 슬라이드도 예전에는 가장 보기 좋은 포트폴리오의 한가지 형태를 취하고 있었으나 최근에는 슬라이드를 보기 위한 장비를 비롯한 문제에 따라 디지털 포트폴리오와 웹 포트폴리오도 각광을 받고 있다.

자신의 작품을 보여주는 방법은 개인적인 판단으로 결정하는 방법 밖에는 없다. 디테일과 색 농도를 잘 표현해 줄 수 있는 방법이 인화지 형태라면 인화지를 선택하는 것이 좋다. 바인더를 고를 때도 마찬가지이다. 자신의 사진 작품들을 가장 돋보이게 해주는 것으로 선택하면 된다. 인쇄된 출판물에서 잘라낸 페이지를 클라이언트에게 보여주는 것은 전문가로서의 경력을 보여주는데 많은 도움이 된다. 만약 포트폴리오 디자인이 사진 작품을 돋보이게 하는 데 그다지 도움이 되지 않는다면 그냥 사진만 보여주고 사진 작품 자체만으로 평가받는 것도 괜찮다. 그리고 다수의 사진 작가들이 하는 것처럼 실험적인 작품과 상업용 작품을 함께 포트폴리오에 담아서 보여주는 것도 한 가지 방법이다.

1) 개인 자료집용

순수한 개인 자료집 형태로 만들 경우에도 향후 다른 곳에서도 사용할 수 있도록 만드는 것이 좋다. 또한 항상 새로운 작품이 생성, 탄생 되었을 경우 언제든지 백업이 가능한 형태로 만드는 것이 바람직하다. 즉 바인더와 같이 백업이 쉬운 형태로 만들어 어느 정도의 작업이 생길 경우 자료를 백업하는 시간을 갖는 것이 좋다.

프리랜서로서 작품을 홍보하기 위한 것이라면 어느 정도의 비즈니스적인 목적도 같이 가지고 있는 것으로 볼 수 있다. 따라서 전반적으로 프로페셔널한 느낌으로 제작하는 것이 필요하다. 그간의 작품 경력을 포함하여 자신의 이력을 같이 첨부하는 것이 좋다. 또한 최근 작업물과 대표 작업 위주의 구성으로 짜는 것이 좋다. 연락처를 반드시 기록하여 클라이언트나 포트폴리오를 보는 사람이 인식할 수 있도록 명시하도록 한다. 작품 중 그룹 작품의 경우는 자신의 파트에 대한 설명이 꼭 필요하다.

조선일보 D6
"밥보다 맛있고 영양가 풍부… 아이들에 인기"
쌀생면을 이용한 별미 요리 만들기
■쌀국수 초계탕
■산마 쌀국수
■유자 드레싱 쌀국수 샐러드
■쌀국수 와플

국민일보 생활
영화처럼 꾸민 식탁 오늘은 우리가 주연
'영화 이미지 테이블전' 독특한 상차림 아이디어 가득

cosmo weekend
연말 모임을 위한 파티 플레이스 5

〈그림 8-1〉 개인 자료집 사례

2) 취업용

취업의 경우 어느 종류의 회사에 취업을 하고자 하는지가 명확해야 한다. 각 회사의 분야에 따라 푸드 스타일리스트에게 요구되어지는 포트폴리오는 조금씩 차이가 있기 때문이다. 각 회사에 따라 자신의 특화되어져 있는 능력을 보여주는 것이 중요하다. 예를 들어, 전시 기획을 하는 회사에 푸드 스타일리스트로서 지원을 하는 것이라면 기획력을 필요로 하는 경우가 많기 때문에 단순히 사진 작업만을 보여주는 것에서 그칠 것이 아니라 푸드 스타일링을 이용한 전시 기획 사례를 제시해 주는 것이 좋다. 즉 포트폴리오 구성면에서도 전문적인 프로젝트 수행 능력을 검증할 수 있는 작품으로 구성하는 것이 좋다.

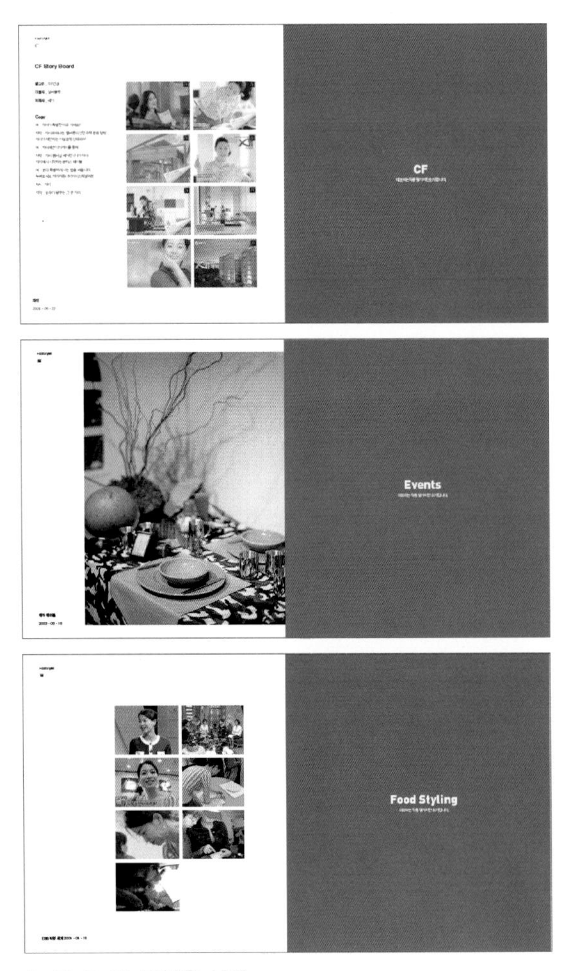

〈그림 8-2〉 취업용 사례

3) 홍보형

홍보를 위한 포트폴리오의 목적은 비즈니스를 위한 것이다. 따라서 홍보하여야 할 곳의 클라이언트에게 신뢰를 줄 수 있는 포트폴리오의 형태가 가장 중요하다. 자신이 접근하고자 하는 곳의 브로셔를 제작할 수도 있으며 간단한 팸플릿 형태로 제작할 수도 있다. 프리랜서 같은 경우 개인 자료집과의 차이점은 프레젠테이션과 상담을 위한 기획이 중요시되며 그것이 반영된다는 것이 가장 큰 차이라고 볼 수 있다.

종류와 목적이 무엇이든 포트폴리오가 가장 우선적으로 갖춰야 할 조건은 작품을 돋보이게 할 수 있는 잘 짜여진 구성과 전개이다.

〈그림 8-3〉 홍보형 사례

4. 포트폴리오에 들어갈 내용

필요한 포트폴리오의 유형을 정했다면 포트폴리오 전략을 세울 필요가 있다. 이러한 포트폴리오를 만들기 위하여 고려되어야 할 요소는 다음과 같다.

1) 전 략

나의 목적과 목표는 무엇인가? 이상과 같이 포트폴리오 구성을 위한 전체적인 과정과 그 중간의 단계를 알아야 한다. 예를 들면, 자신이 취업을 원하는 회사나 홍보 대상에 대해 미리 정보를 모으고, 점검해 보는 리서치(research) 과정은 중요한 타깃팅 과정에 속한다. 특히 트랜디한 잡지나 푸드 스타일링 관련 분야의 웹사이트에서는 기사나 뉴스가 계속 업데이트되어 정보가 제공되고 있으며, 최근의 다른 푸드스타일리스트의 작품을 볼 수 있다. 따라서 자신이 필요로 하는 정보를 얻을 수 있는 좋은 기회이다. 자신이 포트폴리오를 제출하고자 하는 상대 기업이나 업체의 웹사이트를 미리 방문하여 동향과 현황, 또한 클라이언트가 원하고자 하는 방향을 파악하는 일은 기본으로 할 일이다.

2) 컨 셉

컨셉 설정은 클라이언트에게 나에 대한 인상적인 느낌을 주기 위한 주제 선정의 한 과정이다. 간단하게 바로 떠오르는 생각으로 컨셉을 잡을 수도 있으나 대체적으로 수많은 발상과 시안을 통해 도출한 컨셉이 자신의 포트폴리오에 맞는지 필터링하는 과정을 거쳐야 한다. 결정된 컨셉이 전체 포트폴리오의 방향으로 설정되기 때문이다.

컨셉으로 선택한 내용은 작품을 빛나게 할 수도 있고, 사람들이 전혀 다른 분위기를 느끼며 작품과 당신을 바라보게 할 수도 있다. 즉 의도와는 전혀 상관없는 방향으로 흘러가는 것을 막고 일관성 있는 반응이 나오도록 이끌어내기 위해서는 그 줄기가 되는 컨셉을 설정하는 것이 매우 중요하다.

포트폴리오 중간에 튀거나 포인트가 되는 작품을 넣는 게 강조나 주목의 효과를 줄 수도 있겠지만, 주제와 테마를 벗어나지 않으며, 산만하지 않고 일관된 시점의 통일성을 가지는 것이 포인트다.

3) 스 킬

여기서 스킬이라 함은 전문적인 기술을 뜻한다. 즉 실무 프로세스 처리 능력을 포함한 푸드스타일리스트가 작품을 만들기 위해 필요한 기술적인 면을 뜻한다. 자신이 참여했던 사진 작업, 전시회, 행사 등은 자신의 전문성을 돋보이는데 큰 도움을 준다. 거기에 더하여 푸드 스타일리스트에게는 음식이라는 쉽게 변할 수 있는 제한된 소재의 작업이기에 얼마나 꾸준히 형태를 유지할 수 있느냐와 같은 기술적인 부분도 빼놓을 수 없다. 따라서 자신의 작업 중 이러한 부분을 더욱 부각시킬 수 있는 작품이 있다면 포트폴리오를 위한 스크랩을 하여야 한다.

4) 상품성

포트폴리오는 자신이 푸드 스타일리스트로서 얼마나 가치와 매력을 갖추고 있는가를 단적으로 보여준다.

푸드 스타일리스트가 갖는 가치와 매력은 기본적인 소양, 인간미, 실무 프로세스에 대한 이해와 관리능력, 성장 가능성, 마인드, 철학 등 통합적인 아이덴티티이다.

기본적인 소양은 푸드 스타일리스트의 기본 자질을 뜻하며 이와 더불어 기획력, 멀티미디어 테크닉, 커뮤니케이션, 프로세스 진행 능력 등에서 특출난 부분을 지니고 있다면 분명히 보다 더 우위를 가진다.

같은 작품도 어느 푸드 스타일리스트가 작업하는지에 따라 그 느낌이 다르다. 클라이언트가 희소가치를 느끼고 관심을 가지려면 그 푸드 스타일리스트만의 정체성을 기반으로 한 작품의 아웃풋이 있어야 한다. 자신의 생각과 정체성이 있는 푸드 스타일리스트의 작품이 독창성을 가진다.

〈표 8-1〉 포트폴리오의 유연성

포트폴리오의 유연성
완성된 포트폴리오에는 자신감이 엿보이는가?
창의성, 기법의 전문성, 문제 해결 능력이 잘 드러나 있는가?
형태나 디자인은 포트폴리오 내용을 적절하게 강화시켜주고 있는가?
우수한 작품들만을 보여주고 있는가?
일관성과 연속성 있게 작품을 제시하고 있는가?
작품의 우수성을 잘 표현하고 있는가?

5) 포트폴리오 분류

(1) 형식에 따른 분류

① 바인더 북 형식

추가 설명을 필요로 하거나 작품이 정교하고 예민하여 손상되기 쉽다면 융통성 있는 구성과 간편하게 프레젠테이션 할 수 있는 바인더 북 포트폴리오가 가장 간단하고 효과적이다.

〈그림 8-4〉 바인더 북 사례

② 박스와 낱장 형식

자신의 작품을 직접 프레젠테이션 할 경우가 있다면 낱장식 포트폴리오를 작성하는 것이 좋다. 바인더 북과는 달리 낱장식은 설명을 붙이기 힘들고 닳기 쉬우며, 지문이나 오물 등에 의해 훼손되기 쉽지만, 필요한 목적에 따라 신속히 재구성하기 쉽다는 뛰어난 장점이 있다.

〈그림 8-5〉 박스와 낱장 형식 사례

③ 스토리 보드 형식

크기가 일정하지 않은 작품들을 일정한 크기의 하드보드지에 붙여 순서대로 볼 수 있도록 구성하는 것으로 작품에 특별한 순서나 연속 관계를 유지하면서 한꺼번에 여러 사람들에게 보여줄 수 있는 방법이다.

〈그림 8-6〉 스토리 보드 사례

④ 우송 형식

면담자에게 직접 포트폴리오를 가져가지 않고 우송을 해야 할 때는 특별히 포장에 신경써서 포트폴리오를 작성한다. 리플렛형, 카탈로그형, 책자형, 카드형 등이 있다.

〈그림 8-7〉 우송 형식 사례

⑥ 책 형식

인쇄하지 않고 작품만 단순히 묶어놓은 스타일부터 인쇄용지를 이용한 인쇄물까지 책 형식은 가장 선호되는 포트폴리오 형식이다. 많은 사람들에게 자신의 작품을 소개하기에 유리하고 프로페셔널한 이미지를 갖게 한다.

〈그림 8-8〉 책 형식 사례

⑦ 멀티미디어 형식

그래픽 작품 등을 컴퓨터를 이용해 CD-ROM으로 제작하는 형식으로 보관과 프리젠테이션에 용이하다. 개인의 작품이나 자료 등을 체계적으로 모으는 것에는 이 형식이 좋다.

〈그림 8-9〉 멀티 미디어 형식 사례

〈표 8-2〉 포트폴리오 형식과 특징

형 식	특 징
바인더 북	간편성
박스와 낱장	신속성, 재구성의 용이성
스토리 보드	한 번에 다량의 프리젠테이션 가능
우 송	이동성
책	프로페셔널한 이미지, 대량 생산 가능
멀티미디어	CD RPM 제작, 보관과 프리젠테이션 용이

6) 포트폴리오 제작준비

(1) 파일링

자신만의 일정한 기준과 법칙하에 자료를 수집한다. 한 가지 푸드 스타일링을 위한 시안과 기존 촬영되었던 내용들의 수집이 이에 해당되어진다.

파일링이 얼마나 효율적으로 잘 되어 있는지에 따라 결과적으로 포트폴리오의 질과 방향에 영향을 미치므로 파일링 하는 과정은 꼼꼼하고 세세한 주의를 기울여 진행하여야 한다.

(2) 포트폴리오 구상

제작에 들어가기 전에 반드시 포트폴리오를 만드는 컨셉과 목표에 대한 확실한 이해를 하고 넘어가야 한다.

〈표 8-3〉 포트폴리오 구상

포트폴리오 구상
작품과 기술을 목록으로 작성
자신 있는 분야와 관심 분야 선별
숙련되지 않은 기술 열거
관심이 없는 분야의 리스트 작성
각 항목별로 작품 평가
전문성 있는 타인의 작품과의 비교 평가
자신의 분야 내에서의 위치 파악

(3) 상황에 맞는 포트폴리오 작성법

포트폴리오의 기능은 작품을 보관하기 쉽다는 용이성을 지님과 동시에 작가와 클라이언트 사이의 커뮤니케이션을 보조해 주고 작가 능력의 실제 예시 사례를 명확히 보여줌으로써 앞으로의 작품 활동을 도와주는 것 등으로 말할 수 있다.

그러므로 원하는 결과를 얻기 위해서는 상황에 따라 포트폴리오에 들어갈 작품을 선정해야 한다.

작품이 적절하기는 하지만 시간이 오래 되었거나 초창기의 작업으로 질이 낮다면 재작업을 통해 작품의 수준을 끌어 올리는 것이 좋다. 질이 낮은 작품은 다른 훌륭한 작품들의 가치를 떨어뜨릴 수 있으므로 제외하도록 한다.

7) 포트폴리오 제작 과정

① 작품 수집

자신이 작업했던 작품을 모은다. 작품이 많을수록 골라낼 수 있는 범위가 늘어나므로 최대한으로 많이 모은다. 모아낸 작품들 중에서 상태가 좋은 작품을 선별하여 골라낸다.

② 작품 평가

선별한 후 남은 작품들을 평가한다. 이러한 평가 과정을 거쳐 이미 1차 선별 작업을 하였음에도 불구하고 작품의 질이 현저히 낮다면 다시 재작업을 하도록 하며, 사용할 수 없는 작품은 나중에도 사용 불가능함으로 폐기 처분한다.

③ 프레젠테이션 방법 검토

자신이 클라이언트에게 작품을 어떠한 방법으로 보여주는 것이 좋은가에 따라 프레젠테이션 방법을 결정한다. 바인더 형태를 결정하는가, 책의 형태를 결정하는가와 같은 내용이 이 과정에서 이루어진다.

④ 포트폴리오 제작

작품 선정과 포트폴리오 크기, 포트폴리오의 형태가 결정되면 포트폴리오 제작에 들어간다. 제작 방법은 3의 검토 이후 포트폴리오에 대해 결정된 형태에 따라 달라지게 된다.

⑤ 포트폴리오 조립

구성과 제작이 끝나면 이렇게 제작된 포트폴리오를 조립하여 완성한다.

〈표 8-4〉 포트폴리오 제작 과정

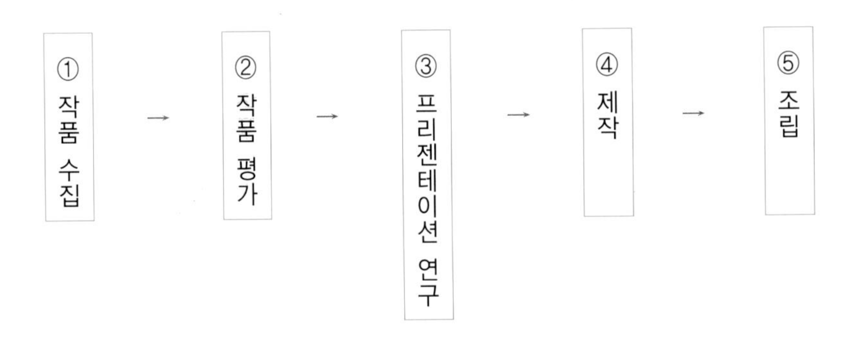

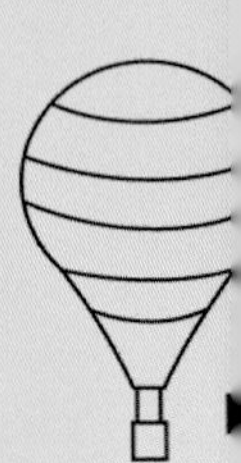

부 록

1. 국외 잡지 리스트
2. 제작 소품 관련 리스트

lloon
Crown

1. 국외 잡지 리스트

책이름	표 지	출판국	소 개
ABC delicious		영 국	폭넓은 종류의 레서피, 쿠킹 테크닉, 제품 리뷰 등을 다루고 있는 월간지.
CLASSIC CONRAN		영 국	요리 전문 서적으로 Plain, Simple, Satisfying 요리에 대해 다루고 있다. 다양한 재료들로 만들어지는 요리에 있어서 재료와 요리 방법을 소개하고 완성된 요리를 컬러로 보여준다. 육류, 생선, 야채, 과일 등으로 아름답고 영양가 많은 요리들을 제시하고 있다.
Decanter		영 국	와인 전문 잡지. 유명 레스토랑의 와인과 와인수집가들을 위한 새로운 정보 안내.
FOOD and TRAVEL		영 국	요리와 여행 전문지로 세계 유수한 곳의 호텔과 관광지 레스토랑 등의 요리를 소개하고 있다. 요리에 대한 뉴스와 쇼핑 등에 대해서도 소개하고 있으며, 세계의 관광 명소와 특별한 요리사들에 대해서도 정보를 제공하고 있다.
Good Food		영 국	영국 내에서 가장 많은 판매 부수를 가지고 있다. 어린이 간식과 요리방법, 웰빙, 요리재료 등 음식에 관한 정보들을 제공한다.
olive		영 국	요리 전문 잡지로 어린이 간식과 요리 방법, 웰빙, 쇼핑, 요리 재료, 드링크 등 음식에 관한 정보들을 제공한다. 유럽 요리의 현장을 이 책을 통해서 알 수가 있다.
better homes and garden		미 국	정원과 집을 꾸밀 수 있는 재미있고 소소한 아이디어를 제공하는 역할을 한다. 홈인테리어, 가든, 정원, 요리에 관련된 내용을 제공한다.

책이름	표 지	출판국	소 개
Bon Appetit	375+ NEW RECIPES, MENUS, TIPS & STRATEGIES BON APPÉTIT THANKSGIVING SURVIVAL GUIDE QUICK AND HEALTHY SWEET ENDINGS	미 국	계절요리와 함께 테이블 코디 팁, 파티 준비 등 테이블데코와 푸드스타일에 관련된 풍부한 내용.
chile pepper	TO COOK TONIGHT! chile MEDI EAN ASTS LIGHTEN UP the CLASSICS • LASAGNA SPEEDY SPRING MENUS to make ahead 6 FINGER FOOD crowd pleasers ITALY'S FESTIVAL PHILLY'S BEST CHEESE STEAK HOTTEST NEW SPANISH CHEF	미 국	다양한 음식 문화 소개. 상업용 음식과 와인에 관한 내용도 실려 있다.
Cooking Light	Cooking Light ANNUAL RECIPES 2007 EVERY RECIPE ... 1,000	미 국	웰빙시대에 맞는 여행, 건강 정보를 소개. 음식의 다양함, 재료소개, 손질 등 요리과정이 자세히 기재되어 있다.
diabetic LIVING	diabetic LIVING Our Holiday Survival Guide! Easier, smaller insulin pumps TAKE CHARGE! beat the lows boost your health Yum! 44 Tasty seasonal recipes!	미 국	건강에 도움이 되고 맛좋은 요리의 레시피를 다루고 있다.
Dinner Parties	WILLIAMS-SONOMA Dinner Parties	미 국	푸드와 레스토랑, 와인과 칵테일에 대한 글을 써 온 저자 제시카 스트랜든이 가까운 주위 사람들과 갖는 식사에 준비하기 좋은 메뉴와 레시피를 소개하고 있는 단행본.
everyday FOOD	great food fast from MARTHA STEWART everyday FOOD THANKSGIVING 1-2-3 our turkey feast (with no stress!) what to bring: super sides, sweets 56	미 국	Martha Stwart Living에서 발행하는 핸드북 사이즈의 요리잡지. 다양한 요리를 소개하고 있다. 휴일 요리, 디저트, 간식 스프 등 일반 가정 요리에서 전문 요리에 이르기까지 다양하게 소개하고 있다.
FOOD & WINE	FOOD & WINE thanksgiving best menus from exotic to classic 17 incredible south american wine bargains the ultimate american cheese plate	미 국	월간지. 와인의 종류와 각각의 와인에 어울리는 색다른 음식 소개.

책이름	표 지	출판국	소 개
Gourmet		미 국	월간지. 요리 전문 여행 잡지로 다양한 요리와 정보가 실려 있다.
Italian Cooking & Living		미 국	격월간. 이탈리아 음식 정보, 각 지방의 특징적인 요리 소개한다.
pastry art&design		미 국	격월간으로 발행되는 제빵 전문지.
SAVEUR		미 국	세계 각국 요리 소개. 각 지역의 음식에 대한 문화와 역사 안내.
la cucina italiana		이탈리아	이태리의 화려하고 맛있고 영양이 담긴 요리 레시피와 유명 브랜드의 와인 소개.
marie claire idees		프랑스	웰빙에 발맞춘 홈인테리어, 소품, 요리, 선물 포장 등을 다루고 있다.
donna hay		호 주	donna hay 시리즈 중 하나로 계절 요리, 요리쿠킹 팁과 함께 감각적인 푸드 스타일링을 제공.

책이름	표 지	출판국	소 개
VOGUE	VOGUE ENTERTAINING + TRAVEL modern classics	호 주	요리를 중심으로 한 여행에 관한 잡지. 세계 유명 명소의 아름다운 요리와 깔끔한 소개.
家庭花報 (가정화보)	家庭画報 2 京都美味遺産	일 본	일본의 리빙에 대한 내용 제공. 일상 생활의 요리, 미용, 패션, 정원 등 생활 곳곳에 나타나는 부분들의 지침서.
近代食堂 (근대식당)	近代食堂 1 2007年の外食予測 店・客・人手・値段	일 본	월간지. 경제와 문화 발전에 따른 일본식당의 전문화와 메뉴의 다양성 기재.
NHK 오늘의 요리	NHK きょうの料理 4 卵料理	일 본	일본 방송 출판 협회에서 발행하는 요리 잡지 전문지이다. 충실한 식생활을 통해 다이어트, 성인병의 예방, 메뉴 짜는 방법, 요리하는 방법 등이 실려 있다.
cafe sweets	café sweets 東京 関西 カフェスタイル2005	일 본	카페와 제과제빵 내용을 다루는 월간지.
dancyu	dancyu ラーメンはいま、麺の時代へ!	일 본	월간지. 전통일식 요리 내용을 다루고 있다.

2. 제작 관련 소품 리스트

온라인 인테리어소품

데코토닉 www.decotonik.co.kr
두산오투 www.otto.co.kr
담너머예쁜집 www.damzip.com
댈러웨이 www.mrsdalloway.co.kr
데미스타일 www.demistyle.com

디자인가기 www.gagibang.co.kr
디자인마노 www.designmano.co.kr
디피존 www.dpzone.co.kr
라라데코 www.laladeco.com
러브쉐이 www.loveshabby.com

룸바이룸 www.roombyroom.co.kr
로맨틱데코 www.romanticdeco.com
로맨틱홈 www.romantic-home.com
로즈앤핑크 www.rosenpink.com
로즈코코 www.rosecoco.com

로즈마리 www.rowemarihome.com
리앤홈컬렉션 www.leann.co.kr
린넨하우스 www.linehouse.co.kr
리빙토크 www.livingtalk.co.kr
릴리데코 www.lilydeco.com

머쉬룸 www.mushroomdeco.co.kr
마리스룸 www.marisroom.co.kr
마인데코 www.minedeco.com
바닐라스푼 www.vanillaspoon.com
바인홈 www.vinehome.co.kr

샐리룸 www.sallyroom.com
소품샵 www.sofumshop.co.kr
소품채널 www.sofum.co.kr
스위트베리 www.sweet-berry.com
스폐셜데데코 www.specialdeco.com

슈가홈 www.sugarhome.com
씨씨브랜드 www.ccbrand.co.kr
쉬즈드림 www.shedream.com
쉬크홈 www.chichome.co.kr
아름다운방 www.beauty-room.net

애니스룸 www.anniesroom.net
앤스홈 www.annshome.co.kr

앤틱로즈 www.antiquerose.co.kr
앤틱하우스 www.antichouse.co.kr
앤하우스 www.annhouse.net

앨리스룸 www.aliceroom.co.kr
원룸데코 www.oneroomdeco.co.kr
인플로라 www.in-flora.co.kr
제이홈 www.jhome.co.kr
크레이지 키친 www.crazykitchen.co.kr
까사 www.casa.co.kr

까사미아 www.casamiashop.co.kr
트위니 www.twiny.co.kr
포홈 www.forhome.co.kr
프롬데코 www.fromdeco.com
프로방스 www.provence.co.kr

풍경 www.pksopum.com
포룸 www.forroom.com
포홈 www.feeldeco.com
필데코 www.feeldeco.com
핑크데코 www.pinkdeco.co.kr

화이트까사 www.whitecasa.co.kr
화이트홈 www.whitehomes.co.kr
헴마 www.hemma.co.kr
호호행복세상 www.hoho365.com
흙마을 www.claytown.co.kr

가구 관련 사이트

까사미아 www.casamia.com
대송가구 www.daesongmall.com
디자인앤 www.designann.com
디자인얀 www.oyan.co.kr
리빙디자인넷 www.licingedsign.net

리빙트리 www.licingtree.com
씨리디자인쇼파 www.seelee.co,kr
에프룸 www.f-room.com
올리브데코 www.olivedeco.co.kr
제니아하우스 www.zeniahouse.com

프란시아 www.francia.co.kr
한샘 ww.hanssem.com

DIY관련 사이트

굿퀼트	www.goodquilt.com
굳씽크	www.goodthink.co.kr
금성스폰지	www.ks-sponge.co.kr
the DIY	www.thediy.co.kr
did벽지	www.dedwallpaper.com
뚝딱이네	www.ddokddak.com
리빙시티	www.livingct.com
마이드림하우스	www.mydreamhouse.co.kr
박미영의홈데코	www.dreamwiz.com
반쪽이쩜넷	www.baczzogi.net
브라이덜가이즈	www.bridalguide.co.kr
상상나무	www.interior911.co.kr
삼화페인트	www.djpi.co.kr
손잡이닷컴	www.sonhabee.com
쉬르보네	www.cherbomheur.com
알파문구	www.alphastationery.co.kr
정크가구	www.junkstyle.co.kr
조은자리	www.jounjary.co.kr
철물백화점	www.chulmool.biz
철천지	www.77g.com
쿨칼라	www.coolcolor.co.kr
퀼트나라	www.quiltnala.com
한국건축자재협회	www.kbmshopping.com
한국공예인협회	www.hdarts.co.kr

원단 및 레이스

더싸다	www.thessada.com
데코랜드	www.dreamwiz.com
레이스나라	www.lacenara.co.kr
싸다천	www.ssada1000.com
소잉박스	www.sewingbox.net
슈리본	www.sueribbon.co.kr
천나나닷컴	www.1000nana.com
천모아	www.100moa.com
화이트패브릭	www.whitefabric.com

사진스튜디오

416스튜디오	02-2236-2400
구본장스튜디오	0346-551-4903
구포토스튜디오	02-2278-9999
그랜드 스튜디오	02-2266-0175
글래머	0342-709-8465
기산크리에이티브에이전시	02-564-7956
김명규 스튜디오	02-2277-6897
김영은 사진연구소	02-2266-5805
김욱출판사	02-3442-3202
금응태사진연구소	02-2265-1473
김한용 사진연구소	02-2266-5969
네오 스튜디오	02-544-3693
대경 스튜디오	02-2773-1691
대한스튜디오	053-424-6423
도프	02-545-2481
동양스튜디오	02-2277-2224
디자인뱅크스스튜디오	053-741-4310
라이프스튜디오	02-2268-8732
라이필스튜디오	02-512-0737
FUSH	02-2278-4340
RAIN스튜디오	02-2263-8824
롤스튜디오	02-2277-1871
LEE 스튜디오	02-2277-2266
목언사진연구소	053-761-2094
문화스튜디오	02-558-0208
박상훈스튜디오	02-2266-0034
반도 스튜디오	02-2269-5572
발카 스튜디오	051-647-8054
범스튜디오	02-2274-5274
산스튜시오	02-571-1521
샘 스튜디오	02-2272-2133
샤프 스튜디오	02-2265-8853
석 스튜디오	053-428-1001
석 스튜디오	02-3444-8742~3
석 포토 스튜디오	02-2272-3379
SUN 스튜디오	02-2269-3471

설총 스튜디오	02-512-2658	이미지스튜디오	053-473-8257
세영스튜디오	02-564-8699	이언주포토스튜디오	02-443-3731
세진 스튜디오	053-255-4668	이용정 사진연구소	02-2266-6098
소소뜨라스튜디오	0551-262-4448	이일디자인스튜디오	02-2274-7127
송기엽 사진연구소	02-2267-0481	이정일사진연구소	053-424-9836
스튜디오 B1	053-255-5876	이호스튜디오	02-2277-2399
스튜디오라이팅	02-2272-4285	일 어소시에이츠	02-723-4641
스튜디오발해	02-2274-8161	임병호 스튜디오	02-545-0387
스튜디오시공간	02-2265-9096	제일 스튜디오	02-2268-1763
스튜디오씨엠씨	02-2266-1214	좋은사진 스튜디오	02-2267-7617
스튜디오 CUE	02-529-2711	주-커뮤니케이션포토	02-720-9585
스튜디오 포토지인	053-425-9787	준초이포토그래픽	02-574-3045
스틸 스튜디오	02-2269-2401	줌스튜디오	02-545-0387
스틸라이프	02-749-3100	지엠스	02-2268-1763
시공간 스튜디오	02-2265-9096	진스튜디오	02-2267-7617
CJ&ZZO스튜디오	02-324-8294	창해스튜디오(제2스튜디오)	02-2271-2011
씨티스튜디오	02-2279-6525	창해스튜디오(제2스튜디오)	02-324-3252
아이엔커뮤니케이션	02-564-8634	최용부 스튜디오	0652-282-0700
I.N.FOTO스튜디오	02-546-5764	카파광고사진교육원	02-2278-8333
IOS 스튜디오	02-540-1746	커머셜포토스튜디오세영	02-564-8633
APEX 스튜디오	02-516-2700	커뮤니케이션포토	02-720-9585
알파사진연구소	053-652-5565	COM ACE 스튜디오	02-2268-2723
애드타워	02-2237-7964	K 스튜디오	053-753-5949
A&A 스튜디오	02-563-1393	케이원 스튜디오	02-2285-2217
에이원 스튜디오	053-652-4266	Kistone 사진 연구실	02-742-0603
APO 스튜디오	02-733-3818	탑스튜디오	02-2266-8341
엘 스튜디오	02-2266-4562	태스튜디오	02-2267-7418
M&Y 스튜디오	02-579-1441	TTL 스튜디오	02-2264-2536
M.포토스튜디오	02-588-1611	파인스튜디오	03-517-9449
예원사진연구소	053-423-8110	POP 스튜디오	02-2268-6264
오리지날스튜디오	02-2266-4654	포엘 스튜디오	02-2275-9226
오픈스튜디오	02-2268-0898	포토그랜드	02-2268-3630
옥슨스튜디오	02-2277-4947	포토그램	02-362-3295
ON.OFF 스튜디오	02-3443-1211	포토니카	02-2275-8424
왕자 스튜디오	053-423-0090	포토라인스튜디오	062-225-7779
용스튜디오	02-542-54660	포토리스트	02-736-3690
원 스튜디오	053-423-3179	포토스 스튜디오	02-2275-5252
유진 스튜디오	02-2272-8719	PHOTO EYE	02-515-6553
이미지 워크 샵	02-2263-4057	포토존 스튜디오	02-3445-4040

포토콤 스튜디오	02-2279-8827
포토탑스 스튜디오	0347-768-6647
포토파워스튜디오	02-2263-0068
프리즘스튜디오	02-518-1148
프리콤	02-2278-7301
PHO-TOWN 스튜디오	02-2263-0155
PL 스튜디오	02-516-7272
필 스튜디오	02-517-2045
한국 스튜디오	053-476-5822
한국광양사	02-702-1251
한국사진연구소	02-2275-5727
한국사진연구소	02-2266-1477
한국정밀사진	02-2273-8693
한석홍 스튜디오	02-382-1162
한얼스튜디오	051-463-4100
허스튜디오	02-516-6480
현 스튜디오	0347-761-9251
White communication	02-3444-6556
화인포토에이전시	02-2264-1361

컴퓨터출력소

거명프로세스	02-2278-1549
거안그래픽스	02-2269-7363
거인그래픽스	02-2269-9363
건영프로세스	02-2265-5651
경운기획	02-323-6365
경인프로세스	02-2269-5278
고려원색	02-2277-6242
광림프로세스	02-2268-2302
광성정판	02-2278-5611
광양사	02-702-1251
구암출력소	02-2272-0045
국제문화기획	02-2278-1417
국제미디어	02-2279-9301
국제원색	02-2266-9517
그라피아	02-2272-8835
그라피카디지탈포토센타	02-2263-8131
그라픽스	02-2277-0040
그린칼라	02-2273-1368
그린테크노피아	02-2275-7117
근도	02-552-1946
금강그라픽스	021-464-5652
금성정판사	02-2273-7779
금양프로세스	051-246-6734
기홍시스템	02-2263-8708
나인애드	02-2266-4003
남미기획	02-2269-8280
남양프로세스	02-712-4055~6
네오그라픽스	02-2273-6361
다다	02-2275-8191
다민출력	02-544-9411
다우리출력	02-2264-6294
다울기획	02-2269-6472
대경토탈	02-2271-2877
대광프로세스	02-2266-7020
대구디오그래픽센타	053-256-0031
대구한국스케나	053-424-1501
대기프로세스	02-2274-6961
대동전산	02-2275-0196
대동출력	02-2263-0618
대륙칼라	02-2268-3446
대성출력센터	02-2268-7478~9
대성칼라(묵정동)	02-2268-1072
대성칼라(신사동)	02-544-0131
대신커뮤니케이션	02-2278-2083
대신프로세스	02-2278-6411
대원문화인쇄	02-2263-0684
대유출력소	02-2277-3562
대전태양기획	042-2222-8700
대한그래픽스	02-2273-3325
데코브레인	02-2272-2540
동방그라픽센터	02-2264-0390
동서출력소	02-2276-0535
동성프로세스	02-2273-1583
동승출력센타	02-747-3480
동아프로세스	02-2272-7053
동아프로세스	051-468-0390
동진사	02-2267-1733

동현테크	02-567-0561
두림프로세스	02-2273-2567
디그라픽스	02-2277-0040
디자인비젼	02-2285-0123
디자인캡슐	02-542-7575
디지털디오	053-256-0031
DPT하우스출력센타	02-323-9473
디피아이	02-2277-2911
디피아이	02-2277-3645
레프로가나	02-2273-4531
리스그래픽	02-2285-6611
리플렉스	02-2277-7361
마루벌	02-701-3720
매크로	02-2271-1218
매일프로세스	051-465-3361
맥마을사람들	02-333-7887
맥미디어	02-2263-6485
맥스그래픽스	02-516-3401
맥스출력센타	051-464-1285
명성	02-2297-4393
명성출력	02-2266-9047
명프로세스	02-2273-9923
모모새	02-2269-5293
모모새	02-2263-0577
미디어네트	02-2274-9755
미성프로세스	02-549-0660
미진프로세스	02-2272-4235
밀알기획	02-2267-9324
버전업	02-2278-9111
베스트디자인	02-2277-6242
베스트플러스	02-2271-3981
보진재	02-679-2351
부산매일프로세스	051-465-3361
부산청산기획	051-464-2528
뿌리출력센터	02-2274-5284
사과마을	02-523-8216
삼성정보문화사	02-2273-4597
삼양스크린	02-2275-1716
삼양프로세스	02-2277-4197
삼영그래픽	02-839-8236
삼영칼라프로세스	02-2274-9911
삼일제판	02-2266-7325
삼정프로세스	02-546-4301
삼화전산	02-2263-2651
삼회공사	02-2271-3204
상경프로세스	02-2269-2161
상록문화사	02-2267-5420
서울그래피아	02-2277-3373
서울맥	02-2267-1930
서울스캔	02-2275-9060
선우출력센터	02-2263-8192
선우프로세스	02-2272-1210
성립그래픽스	02-2236-0223~7
세손칼라이즈	02-2272-9720
세원프로세스	02-2279-0864
세이프	02-2268-1583
세일원색	02-2274-2921
소암그래픽스	02-3443-9311
송지전산	02-782-8208
수원맥토피아	0331-241-4540
수정당	02-2271-1305
신광원색	02-516-6671
신광프로세스	051-464-5652
신명그래픽센터	02-271-1451
신영칼라	02-2263-8000
신원문화사	02-2266-9474
신진기획	02-2266-5968
썬미디어	02-2285-3003
씨너지	02-2279-9133
씨앤비시스템	02-2268-1190
씨지애드	02-2268-1190
IO그래픽	02-2279-3058
아트라인	02-2273-4597
아트맨	02-2278-6331
아트스캔	02-2279-6611
애드비전	02-2271-3204
애드칼라	02-2274-3300
애드포인트	02-2266-3604

에스피알	02-736-1697
에이그래픽스	042-257-4545
에이스칼라	02-2278-2218
엘렉스출력센터	02-2273-0529
영광사	042-622-7476
영그라픽스	02-2263-6872
영상그래픽스	02-2263-3767
영인문화사	02-2274-0581
예닮출력센타	02-2274-0775
예하프로세스	02-543-3120
예하프리+	02-2278-1732
오리진컴	02-2277-1986
온미르	02-3487-4951
용광프로세스	02-2275-5610
우진기획	02-2273-4825
월드콤큐그래픽	02-557-4109
유니온프로세스	022271-1981
유림프로세스	02-2266-4243
이공이공	0334-334-2020
이미지네이션	02-3445-2255
이미지뱅크	02-2273-2792
이펙그래팩센터	02-332-3584
인우	02-333-7887
인천효성프로세스	032-765-0321
인터프린트	02-2263-6392
인터헤드	02-3446-3700
임창애드컴	02-715-5768
정그라픽스	02-2263-6392
정원애드	02-2272-1970
정화프로세스	02-2271-0510
좋은그림	02-545-7575
좋은그림	02-2277-8082
중앙기획	02-2266-9000
중앙인쇄	02-2276-1321~2
중앙출력소	02-2271-2350
지엔피프로세스	02-512-9912
지에스테크	02-2266-8821
진양출력	02-2268-3449
진영아트	02-2278-8031
진영컴	02-2271-0510
창현데코	02-2263-3781
초옥그라픽스	02-2268-0831
충추하나로	0441-852-4549
칼라월드	02-2273-6447
칼라피아	02-2269-6601
캐피탈그래픽	02-2273-5141
태웅출력	02-2266-0764
투씨	02-3363-6931
포인터컴	02-782-8208
포인티브	02-2273-5800
포토랜드	02-2273-9321
프랜츠나라	02-518-3979
픽셀아트	02-2271-3390
픽스컴	02-2267-6387
하나출력소	02-2279-7404
하이텍	02-741-3377
한국광양사	02-702-1251
항국디지털	02-2279-9301
한국커뮤니케이션	02-566-0803
한국CIS	02-2269-0544
한디자인	02-501-5623
한빛	02-2273-7211
한영문화사	0344-903-1101
한일칼러	02-2266-9526~7
한전기획	02-2279-3357
한프리프레스	02-2278-6627
해든	02-2274-3944
현대디지탈프린팅	02-2285-2147
현진프로세스	02-2276-0341
홍익그래피스	02-3143-2568
홍익컴퓨터인쇄	02-323-6333
휴먼컴퓨터	02-3442-3434
ING프로세스	02-323-6493

멀티미디어 · 인터넷홈페이지 · CD롬제작

가온디자인	02-701-5787
고신미디어	02-417-5900
다음커뮤니케이션	02-518-4273

데모라인	02-518-1173
두산동아	02-3398-2592
디자인컬트	02-334-9307
디피아이	02-2277-2911
맥스	02-514-7782
미디어뱅크	02-711-1667
미디어파크	02-409-9601
비비컴	02-551-1355
서일시스템	02-597-8657
선광커뮤니케이션	02-3443-0036
세광데이타데크	02-702-6462
씨맥전산	02-856-1609
씨아이디	02-2202-3167
씨지엘	02-581-3052
ISM	02-577-6306
A4communication	02-3445-4596
애플기획	02-735-6490~1
웅진미디어	02-747-4707
월드소프트	02-3272-4110
위프로	02-569-0282
유진데이터	02-517-3707
이미지드롬	02-508-1233
Image Resources	02-525-6566
ESPK	02-3442-1097
E.Z멀티미디어디자인연구소	064-748-0527
Infowork	02-107-1399
전시공	02-324-7911
GNI	02-3462-0072
카툰파크	02-407-7960
한겨레정보통신	02-3444-3721
한일테크닉	02-266-5295
한국광양사	02-3452-7772

제본 · 제책사

경일제책사	02-714-1069
과성제책사	02-338-4321~4
광신제책사	02-404-9487~8
국일문화사	02-716-8553~5
극동제책사	051-243-0202
끄레아	02-858-6777
기성제책사	02-323-8756
달성제책사	053-555-3008
대신제책사	02-464-8778
대영제책사	02-333-8285
대흥제본소	02-305-0801~3
동성제책사	02-713-6569
동신문화사	02-706-8736
모아기획	02-2264-4464
문광제책사	051-462-2671~2
문원제책사	02-718-3254
문일제책사	051-244-1162
문정제책사	02-3664-8424
민중제책사	02-336-4894
배문제책사	02-714-3634
부산제책사	051-463-4179
삼성재책사	062-222-3008
삼원제본	02-716-6107~8
삼육문화사	02-908-4478
삼정제책사	02-332-9495~6
삼화인쇄	02-850-0850
삼화제본	02-719-0983
선명실업	02-461-4833
성림제책사	02-717-1745~6
세창제책사	02-2272-2458
신창제책사	051-244-2639
연일제책사	02-2275-1044
연합제책사	053-424-0995
영림사	02-714-3284
영신사	02-308-1335
영신제책사	051-255-4459
영창실업	02-869-4303
우성제본	02-334-1919
우성제본	02-719-7221~3
우일사	02-713-0713
원진제책사	02-838-5727~9
을지제책사	02-2273-1334
이우제책사	02-633-5751~3

진성제책	02-2269-2359
태성제책	02-855-0021~4
한양제본	02-333-6141
한얼제책사	02-923-7032
현대제책사	02-703-8227~9
홍익제책사	02-712-0213

서체 시스템

미드	02-3443-3211
산돌글자은행	02-741-3685
서울시스템	02-510-0757
소프트매직	02-558-0222
씨스테크	02-741-1192
윤디자인연구소	02-516-6040
폰트뱅크	02-2264-0656
필묵	02-2266-9359
한국컴퓨터그래픽스	02-739-3170
한양정보통신	02-598-0050
휴먼컴퓨터	02-3479-2400

포토 · 영상라이브러리

그라피카 강남 지사	02-3443-0083~5
그라피카 충무로 본사	02-2277-0837
더이미지뱅크코리아	02-2273-2792
마그남아이	02-2275-8083
맥스포토라이브러리	02-2275-5250
미래클	02-2274-4781
월포	02-2273-5300
커뮤니케이션포토	02-517-5985
크레온	02-2273-5066
타임스페이스	02-2272-2381
토픽포토에이전시	02-2263-3592
포토라이브러리시공간	02-2275-1189
포토매니아	02-2277-0555
포토플러스	02-3446-8763
한국슬라이드뱅크	02-2265-2652
한국포토그래픽스	02-540-7270
화인라이브러리	02-2264-1361

카메라기자지전문점

감상 카메라	02-771-9454~6
노벨카메라	02-3424-3221
뉴스타카메라	02-2636-1887
대승카메라	02-2275-1351
레오카메라	053-424-3179
레이녹스렌즈	02-517-3789
미광상사	02-734-0231~5
성광 카메라	02-779-0610
세광 미디어	051-816-2339
억불 카메라	02-775-6621
월드카메라	02-755-6808
줌 카메라	02-2265-2090
창신카메라	02-776-5252
포토카메라	02-752-7721
한진카메라	053-252-0486
All of photo(알프)	02-517-1212

현상소

충무R3	02-2275-0245
포토랜드	02-2273-9321
포토아트	02-2265-6974
포토피아	02-2274-0554
후지포토사롱	02-2266-3722
흑백포토랜드	02-2263-4900
LABO CENTER	02-2265-5723

디자인재료사

강남아톰문구센타	02-333-2504
광명	02-525-3057
구세무역	02-706-2334
근도	02-552-1946
두성산업	02-583-0001
디자인하우스	02-2265-1447
모닝글로리	02-719-0400
미인	02-383-0911
분화구	02-2271-3611

비주얼텍 코리아	02-3444-0121
삼아정보시스템	02-794-0307
삼원특수지상사	02-2217-8700
삼화제지	02-753-1136~9
서울아크릴	02-2275-3998
선경아크릴	02-2265-2178
선한기업	02-635-8470
세일마그노	02-778-3133
신한통상	02-357-4149
신한화구	02-357-2651
알파색채	02-395-0088
우진문기상사	02-633-0633
위성시스템	02-782-1896
유천산업	0344-965-7080
종로아크릴	02-2279-5100
주식회사 쓰리엔	02-704-3787
진건산업	02-561-9872
창현데코	02-2263-3781
한국쓰리엠	02-3771-4114
한솔제지	02-3287-7114

종이 및 미술재료(화방)

개미화방	02-333-2504
경일한지백화점	02-732-5272
관성필방	02-735-7100
구하산방	02-732-9895
근도	0335-337-1946
기린문구화방	02-568-6007
남대문미술상사	02-755-7177
누가화방	02-324-2210
단양필방	02-720-9991
대신당필방	02-732-2830
대한화방	02-332-6900
대흥당필방	02-732-7326
동방아트센타	02-324-3266
동신당필방	02-732-6147
동아화방	02-336-7665
동양한지사	02-734-1881
동헌필방	02-734-1955
두성산업	02-583-0001
명신당필방	02-736-2466
문화지업사	02-735-3473
미림미술재료백화점	02-739-2280
백제지업사	02-734-3956
별나라서울미술공사	02-764-7147
사보당필방	02-734-0164
서흥아트	02-792-4912
성문당필방	02-735-4059
성심팔방	02-738-3313
송림당필방	02-738-2306
송이화방	02-334-4579
송지방	02-733-8960
신촌화방	02-717-8095
이윤당	02-722-5161
열림필방	02-737-3392
예문당	02-732-2517
운림필방	02-734-8260
원주한지특약점	02-737-3064
전북지업사	02-734-2334
전주한지	02-733-2258
한성당팔방	02-722-5576

도자재료 상사

경남도자기재료점	051-556-1059
광주요업	0336-32-7583
낙우산업	0596-72-9922
대륙공업사	0336-33-8870
대륙기공사	0417-565-5828
대삼물산주식회사	02-718-8602
대한전사	02-848-1539
대흥공업사	02-633-4124
동아열기	032-815-4100
동영산업	0561-761-1989
부손세테크	02-848-1539
세라엔지니어링	02-679-7058
세종축로	02-324-1045

여주도토	0337-884-4554
오덱	02-319-5595
웅진요업기계	0344-901-0915
유성엔지니어링	01*678-9980
이래산업	0336-638-4046
인성기업	032-873-0731
장인방	0335-334-5004
중앙도재	02-325-8367
한미요업	0346-65-0455
한일로제	0337-885-7719
행남사 기계사업부	02-540-7900
호선도예	02-554-0165
화인도제	02-2275-5537
흥진요업	0336-638-5858
히텍	02-515-1331

청계상가 금속재료 상가

가야금속	02-2263-7788
고려철재	02-2266-3210
광명상사	02-2275-7767
국일기공사	02-2272-3231
금하칠보	02-776-0545
금성전동공구	02-2276-0988
길오상사	02-2275-8123
남영금속	02-2266-5352
닥터정글	02-2267-9085
대광철망	02-2277-0575
대륙강선	02-2267-7613
대명금속	02-2265-7498
대영공방	02-2272-9460
대영볼트	02-2265-3719
대영M&T	02-2265-0121
대우목형주물	02-2275-3403
대원금속	02-2266-8422
대진상사	02-2272-9460
대진상사	02-2267-8353
대화공구	02-2265-3719
동구상사	02-2278-1580
동신스텐	02-2266-8884
명보상사	02-2266-9700
보국당	02-2235-0367
보림칠보	02-319-7771
부광볼트	02-2267-7417
삼보주물	02-754-3294
삼양볼트	02-2293-8080
삼정재료	02-744-7580
삼진화학	02-2274-8556
삼흥기기상사	02-2278-1411
서울종합기공	02-2274-6580
성심공구	02-2272-1375
신화공업사	02-2277-7058
영신금속	02-2267-9200
우신기공사	02-2267-9085
우진납공구	02-2279-4537
을지금속	02-2277-2561
인창금속	02-2266-3262
일성시보리	02-2277-6530
일영금속	02-2272-2787
전일사	02-2279-0802
정상금속	02-2275-0304
제일주물	02-2275-4259
중앙금속상사	02-2265-6038
지구연마	02-2268-5541
진풍금속	02-2267-7594
진흥테크	02-2279-9931
청계공사	02-2274-7650
청계코리아공구	02-2276-0988
태영금속	02-2267-4214
평남납금속	02-2267-9434
한승금속	02-2267-1075
한신금속	02-2267-0857
한진금속	02-2265-4807

보석 가공상사

광운보석	02-744-5033
기흥사	02-765-3774

다미보석	02-766-0511
대영재료	02-744-3571
대웅캐스팅	02-741-2712
돌과금	02-743-9268
럭키사	02-2268-1687
반석사	02-2267-8634
보광보석	02-2275-2651
뿌리코리아스톤	02-766-8616
비룡사	02-766-8616
성미사	02-741-5558
시흥시보리	02-766-2171
아림주물	02-764-8865
영신보석	02-744-9950
율포젬	02-744-9550
은행사	02-764-5647
을석사	02-762-0089
제마트	02-747-7319
초원양행	02-745-7069
칠성재료	02-764-8183
하나기기	02-741-1638
현우사	02-762-7970

섬유재료 상사

대진상가	02-2275-7211
반도모사	02-2272-5915
벽과공간	02-778-0040
삼성상사	02-2267-3674
송지방	02-733-8960
영원피혁	02-2236-0087
원주한지특약점	02-737-3064
위비빙숍	02-753-8322
타피숍	02-775-5559
할머니실집	02-2268-8966

수직재료

서울직물	02-2266-2830
선일상사	02-2269-9966
우성상사	02-2266-7942
유하상사	02-2273-8365
이동훈수직기	02-779-1894
일해실상회	02-2279-5533
풍양실상회	02-2272-3360
현대사	02-2279-8337
협신상사	02-2266-4994
화인염료	02-779-1894

염료재료 상사

경신비닐	02-2267-0591
네오라이프	02-589-0505
네오미디어테크	031-543-6226
다흥문화	02-2273-6434
보은염료	02-2272-5122
삼경화학	02-2277-2617
삼우상사	02-2266-5566
삼환화학	02-2277-2313
영광실크인쇄	02-2274-9844
오성기업	02-2274-2021
재동상사	02-2265-1288
제일사	02-2277-4232
조광	02-2267-1112
태광기획	02-2273-5455
한일상사	02-2267-3396
화인염료	02-2266-0207
황해상회	02-2266-4535

목공예 재료업체

고려페인트	02-2272-9185
공예사	02-980-8119
구천특수무늬목	02-2267-2355
국도공예사	02-2267-0280
남양목재	032-571-5100
대동종합목재	031-574-9922~4
대성아크릴	02-2265-5768
대성아크릴	02-2263-0611
덕우상사	02-2275-8645
동신공예사	02-980-8119

명성아크릴	02-2263-0611
木소리공방	051-265-4133
삼진아크릴	02-2268-0093
삼화공예사	02-2265-1770
삼화페인트	02-2267-6893
새한아크릴	02-2273-8681
서울아크릴	02-2275-3998
선경아크릴	02-2265-2178
성진무늬목	02-2267-9047
우림무늬목상사	02-2267-2683
을지아크릴	02-2269-0314
종로아크릴	02-2279-5100
중부아크릴	02-2263-5104
중앙창호	032-571-7771
차세대아크릴	02-2275-2489
천일화공	02-2266-8014
청계야크릴	02-2275-4228
태흥아크릴	03-2274-4766
한국종합목재	02-333-9911
현대무늬목	02-2273-4905

유리공예재료 및 공구업체

관광데벨	02-606-7142
극동다이아몬드	02-334-1302
금성다이아몬드	032-812-9933
대경유리블럭	02-326-2102
대영판유리	0652-211-2593
동성유리공업	0446-877-3066
동아공구	02-267-4821
동아공구	02-2264-0949
동아금속공예사	032-542-2781
두산유리(유리제품사업부)	02-5103551
두산테크팩BG	02-3398-2828
리남복층유리	061-371-6245
부성유리	033-255-6262
삼정유리	041-552-4244
세영테프	02-2265-0335
쇼트코리아	02-412-3143
우리산업	02-2636-5064
원익석영	054-472-6138
유리터	02-445-0555
유화산업	02-601-1277
일영유리	02-896-5507
전남판유리상사	0684-83-8311
전진유리	02-426-4505
제일거울	0525-323-8911
조양	02-2278-8115
중앙테프	02-2266-7490
하이트산업	0591-752-0701
한건한국스테인드글라스	02-333-2102
한성특수유리	0545-971-7201
한스	054-972-6200
한신유리공예	02-668-9503
형제테프	02-2267-5897

국내 서적

권상구 , 「기초 디자인」, 미진사, 1999
김경미 · 김경임 · 유현석, 「색채와 푸드스타일링」, 교문사, 2006
김경미 · 김경임 · 김상연 · 안선정, 「푸드 스타일링」, 교문사, 2005
김미옥 · 백숙자, 「입체조형의 이해」, 도서출판 그루, 2000
김수인, 「푸드 코디네이트 개론」, 한국외식정보(주), 2004
김인혜, 「기초디자인」, 미진사, 2004
김영규 외, 「PORTPOLIO DESIGN(포트폴리오디자인)」, 청구문화사 , 2002
김진한, 「색채의 원리」, 시공아트, 2004
김춘일 · 박남희 편역,「조형의 기초와 분석」, 미진사, 2006
노영자 · 이인숙 저, 「중학교 1학년 교사용 지도서」, 교학사, 2002
노부유키 마츠히사, 오정미 번역, 「노부, 맛의 제국」, 디자이너하우스, 2003
남호정 외,「기초 디자인」, 안그라픽스, 2003
데이비드 라우어, 이대일, 「조형의 원리」, 예경, 2002
디자인 하우스 편집부 엮음 – 김대수 감수, 「포트폴리오 이렇게 만든다」, 디자인 하우스, 1998
라우어, 「조형의 원리」, 예경, 2002
문영희, 「포토샵 포트폴리오 디자인」, 정보문화사, 2006
박동철, 「사진의구도&구성」, 넥서스BOOKS, 2007
유관호, 「디지털 색채론」, 세진사, 2001
윤민희 · 여화선 · 손경애, 「드로잉과 기초 디자인」, 예경, 2001
오근재, 「입체조형과 새로운 공간」, 미진사, 2004
오춘란, 「조형예술원론」, 동아대학교출판부, 2003
우석진 외, 「컬러리스트」, 영진닷컴, 2005
이정숙 , 「포트 폴리오 만들기」, 대우출판사, 2002
이유주, 「푸드 코디네이트 용어사전 」, 경춘사, 2005
임시룡, 「자연이 주는 디자인」, 창지사, 2001
I.R.I색채연구소, 「감성만족 컬러마케팅」, 영진닷컴, 2004
____________ , 「color combination」, 영진닷컴, 2003
양향자, 「푸드 코디네이터 길라잡이」, 크로바출판사, 2004
식공간연구회, 「푸드 코디네이트」, 교문사, 2005
정승익, 「좋은 사진을 만드는 사진 구도」, 한빛미디어(주), 2006
_____, 「좋은 사진을 만드는 노출 」, 한빛미디어(주), 2007
최연주, 「색과구도입문」,삼호미디어, 1996
최수근, 최희선, 「개정판 요리와 소스」, 형설출판사, 2003
최성운,「디자인 방법론 이론과 실제」, 조형사 , 2002
W. Kandinsky, 「점 · 선 · 면 · 회화적인 요소의 분석을 위하여. 칸젠스키의 예술론 Ⅱ」, 열화당, 2004
한국디자인학회, 「기초디자인」, 안그라픽스, 2003
한국미술연구소, 「디자인! 디자인?」, 시공사, 1997
한석우, 「입체조형 – 이론과 실제」, 미진사, 2006
한국색채학회, 「색색가지세상」, 도서출판 국제, 2001
함정도, 손유찬, 「공간 디자인과 조형연습」, 기문당, 2003
황재선, 「푸드 스타일링 & 테이블 데커레이션」, 교문사, 2004

참 고 문 헌

황재선, 「푸드 스타일링」, 교문사, 2003
황지희 · 유택용 · 나영아, 「푸드 코디네이터학 」, 효일출판사, 2002
KCCI, 「쉽게 배우는 특급 호텔의 최고 요리」, 시공사, 2001

국내 논문 외

고범석, '색채가 전채요리에 미치는 영향에 관한 연구' , 경희대학교, 2001
김광오, '푸드 코디네이터의 양식 요리에 관한 중요도 평가에 대한 연구', 경기대학교, 2003
김유철, '광고사진에 나타나는 색채의 특성에 관한 고찰' , 조선대학교 산업대학원, 2003
김인화, '메뉴의 색채배색에 관한 연구' , 경기대학교 관광전문대학원, 2004
김원석, '제품구매에 있어 광고디자인이 소비자구매에 미치는 영향에 관한 연구' , 동국대학교 정보산업대학원, 2002
김진숙, '패밀리 레스토랑의 재방문에 시각적 요소가 미치는 영향에 관한 연구' , 경기대학교 관광전문대학원, 2005
김희준, '음식잡지의 기획기사를 위한 에디토리얼 포토그래피' , 이화여자대학교, 2006
변현조, '맛 이미지에서 오는 색채와 심리의 연관성에 관한 연구' , 국민대학교, 2004
백소향, '고등학교 정물화 교육에 관한 연구' , 국민대학교 교육대학원, 2004
이승민, '광고사진에 있어 분위기(Mood) 창출을 위한 조명의 기능에 관한 연구', 중앙대학교, 1996
이정범, '월간지 광고사진 표현기법에 도입된 디지털사진의 품질에 관한 연구' 상명대학교 예술디자인 대학원, 2001
이형수, '광고사진이 소비자의 구매행위에 미치는 영향', 중앙대학교, 1993
유한나, '텍스타일이 식공간에 미치는 영향 연구' , 경기대학교 관광대학원, 2004
정현철, '광고사진에 있어서 디지털 이미지 활용에 관한 연구 : 주류광고를 중심으로', 홍익대학교 산업미술대학원, 2000
차동석, '과즙음료 廣告寫眞의 表現에 관한 연구 : 국내 스포츠신문 광고를 중심으로', 경성대학교 멀티미디어 대학원, 2005
최낙영, '대중문화로서의 광고사진에 대한 고찰' , 홍익대학교, 1997
김상겸 · 박만식, '기초디자인 교육에 대하여,' 대한건축학회, 1991
김지영 · 나정기, '레스토랑 푸드 디자인 현황에 관한 연구' , 한국식공간학회, 2006
「월간 디자인」, 디자인 하우스, 1998년 01월 ~ 12월

국외 서적

Brochure&Catalogue , Archworld , 2007
Graphic Design: New York , 柏書房 , 1992
John F Carafoli, Food photography and styling , Amphoto Book , 2003
Sutton Tina etc, The Complete color Harmony , Quayside Pub Group , 2004
Vicki L.Ingham, Color Schemes made easy , Meredith, 2004
形式至上 , The Best of Brochure Design, 2006

참고사이트

www.design.co.kr
www.fooddesigns.com
www.naver.com
www.daum.net
www.google.com
www.buonasera.co.kr

그림목차

그림 · 표 목차

표목차

찾아보기 · 인덱스

푸드스타일링 food styling

2008년 2월 25일 초 판1쇄발행
2020년 2월 10일 수정판5쇄발행

지 은 이 유한나 · 김진숙 · 김인화 · 김정은
발 행 인 진욱상
발 행 처 백산출판사
본문편집 안정민
표지디자인 안정민

주 소 경기도 파주시 회동길 370(백산빌딩 3층)
전 화 (02) 914 – 1621
팩 스 (031) 955 – 9911

등 록 1974. 1. 9 제 1–72호

홈페이지 www.ibaeksan.kr
edit@ibaeksan.kr

I S B N 978-89-6183-262-5 92590

정 가 20,000원